초등
1학년 공부,
책읽기가
전부다

초등 1학년 공부, 책읽기가 전부다

송재환 지음

위즈덤하우스

6장 차원 높은 아이로 거듭나는 고전 읽기

내 아이의 믿을 구석
'책읽기'

젊은 날 사랑하는 사람을 만나 결혼한다. 미처 마음의 준비를 하지도 못했는데 덜컥 아이가 생긴다. 설렘보단 두려움이 앞선다. 손가락과 발가락이 열 개씩인 건강한 아이였으면 하는 간절한 마음을 가지고 두 손 모아 기도한다. "응애 응애" 울면서 드디어 아이가 태어난다. 손가락과 발가락이 모두 열 개씩이고 건강하다. 가슴을 쓸어내리며 감사 기도가 절로 나온다.

태어난 지 몇 개월이 지나자 아이가 배밀이를 한다. 어느 날은 뒤집기를 한다. 엄마와 아빠의 입에서 환호성이 터져 나온다. 돌쟁이가 되니 목도 가눌 줄 알고 서기도 하며 한두 걸음씩 걷기도 한다. 아무 의미 없이 내뱉은 아이의 옹알이가 엄마 귀에는 '엄마'라는 환청으로 들린다. 이 모든 것이 기적이다. 여전히 모든 것이 감사이고 기쁨이다.

서너 살 무렵, 개월 수가 같은 옆집 아이는 벌써 말을 제법 잘한다. 그뿐만 아니라 걷기도 잘하고 뛰기도 잘한다. 게다가 덩치도 크다. 그때부터 내 아이가 작아 보이기 시작한다. 내 아이가 느려 보이기 시작한다. 말도 어눌하고 걷는 것도 느리다. 당황스럽다. 조급함이 조금씩 밀려온다. 하지만 아직은 괜찮다고 마음을 다잡아본다. 시간이 지나면 내 아이는 다른 아이보다 분명히 더 잘할 거라고 스스로를 위로한다.

마냥 어린 줄만 알았는데 아이가 어느새 유치원에 간단다. 옆집 아이는 벌써 한글을 다 뗐다고 한다. 한글은 초등학교에 들어가서 배우는 게 아니었나? 유치원도 심지어 영어 유치원에 보낸단다. 우리말도 제대로 못하는 아이를 비싸 터진 영어 유치원에 보낸다고? 드디어 마음속에 잠잠하던 경쟁의 불씨가 타오르기 시작한다. 내 아이라고 못할 것 없다. 당장 정보 수집에 나선다. 뒤처지고 싶지 않다. 한 번 뒤처지면 영원히 뒤처질 것 같은 조바심이 아이를 더욱 옥죄기 시작한다.

초등학교 입학 즈음, 이런 조바심은 점점 도를 넘어선다. 한글은 무슨 일이 있어도 입학 전에 꼭 깨쳐야 한다. 1부터 100까지 숫자를 세는 것은 물론 덧셈과 뺄셈도 할 줄 알아야 한다. 교양 있는 삶을 살기 위해 피아노는 기본이고 다른 악기는 선택이다. 학교에서 다른 아이들에게 맞으면 안 되니 태권도 도장에도 다녀야 한다. 감수성 발달을 위해 미술도 좀 해야 하지 않을까? 아이의 하루해가 계속 짧아진다. 이제 손가락과 발가락이 열 개이기만 해도 좋겠던 간절한 마음은 온데간데없다. 치열한 경쟁 구도 속에서 내 아이가 월등히 뛰어나면 좋겠다. 학교에 들어가 1등을 하면 좋겠다. 꼭 1등을 할 것이다.

드디어 초등학교 입학이다. 기대도 잠시, 현실이 녹록지 않다. 받아쓰기 시험을 본단다. 아무것도 아닌 것이라 생각했는데 온 가족이 받아쓰기 시험 100점 받기 작전에 돌입한다. 하지만 결과는 처참하다. 옆집 아이는 계속 100점이란다. 분노가 끓어오른다. 현실에 눈을 뜨기 시작한다. 내 아이가 딱 이 정도뿐이었나? 실망해봤자 이미 늦었다. 인생의 달리기는 이미 시작되었다. 뒤처지면 안 된다. 계속 아이를 채근한다. 아이는 불행해지고 부모도 행복하지 않다. 이건 아니라고 고개를 젓는다. 하지만 탈출구가 마땅치 않다. 경쟁의 레이스에서 잠시 이탈해본다. 하지만 이내 마음을 가다듬고 다시 레이스로 돌아온다.

대한민국에서 아이를 키우면서 정도의 차이는 있을지 모르겠지만 부모라면 누구나 겪는 과정이다. 아무도 강요하지 않았지만 너나 할 것 없이 거대한 경쟁의 회오리 속으로 빨려 들어가는 것이 우리의 현실이다. 초등학교 1학년은 바로 그 경쟁의 출발점이다. 왜 우리 아이들은 이렇게 경쟁 속으로 내몰리는 걸까? 부모의 조바심 때문이다. 다른 아이들보다 앞서 가야 하는데 그렇지 못할 때 찾아오는 마음이 조바심이다. 부모는 자신의 조바심을 달래기 위해 아이를 끊임없이 채근한다. 하지만 채근하면 채근할수록 타고난 것마저 잃고 말 뿐이다. 아이와 부모가 모두 불행해지는 서곡의 시작이다. 부모의 조바심은 죄가 아니다. 오히려 조바심은 아이를 사랑하는 마음에서 나올 수 있는 자연스러운 감정이다. 하지만 조바심이 부모와 아이의 관계를 깨뜨리고 아이를 망친다면 조바심을 버려야 하지 않을까? 안타깝게도 조바심은 버리고 싶다고 해서 단번에 버릴 수 있는 게 아니다. 조바심을 버리려면 믿는 구석이 있어야 한다. 믿는 구석이 있는 사람은 절대로 조바심을 내지 않는다. 평안할 뿐이다. 아이들이 조바심을 내는 걸 본 적이 있는가? 아이들은 절대로 조바심을 내지 않는다. 받아쓰기 시험에서 50점을 받아도 천하태평이다. 오직 부모만이 조바심을 낼 뿐이다. 아이들이 조바심을 내지 않는 이유는 부모라는 든든한 믿는 구석이 있기 때문이다. 아이를 키우는 부모들에게도 이렇게 든든한 믿는 구석이 있어야 한다. 내 아이가 남들과 경쟁하지 않고도 성공을 해서 행복한 인생을 살아갈 수만 있다면, 그 인생을 보장해줄 믿을 만한 구석이 있다면 조바심 같은 건 나지도 않을 것이다. 자녀들을 지켜보면서 조바심에 떠는 부모들에게 꼭 소개하고 싶은 믿을 만한 구석이 있다. 바로 '책읽기'이다.

필자가 초등학교 교사로 20년 이상 현장에서 아이들을 가르치면서 느낀 건 다름 아닌 '모든 공부는 독서로 통한다'이다. 책읽기를 하면 공부에 필요한 모든 요소들이 굴비 엮듯이 따라온다. 책읽기를 열심히 하는 아이들은 당장의 성적은 안 나올지도 모르겠지만 결국 승자가 된다. 하지만 책읽기를 게을리하면 지금 당장 공부를 잘하는 것처럼 보여도 기초 없는 모래성에 불과하다. 책읽기가 빠진 공부는 언젠가 한계에 부딪히기 마련이다. 공부는 책읽기, 그 이상도 그 이하도 아니다. 어디 공부뿐이겠는가? 책읽기를 좋아하는 아이들은 대체로 심성이 곱다. 책을 읽다 보면 자꾸 자신을 되돌아보게 되고 감성이 풍부해지며 인성이 좋아지기 때문이다. 또한 책읽기를 좋아하는 아이들은 친구 관계도 원만하다. 사고의 폭이 넓고 깊으며 입장을 바꿔서 생각할 줄 알기 때문이다.

『명심보감明心寶鑑』「훈자편訓子篇」에서 '遺子黃金滿籯不如一經(유자황금만영불여일경)'이라고 했다. '바구니에 황금이 가득하다 해도 자식에게 경서 한 권 가르치는 것만 못하다'라는 뜻이다. 한 권의 책을 통해 얻을 수 있는 지혜와 통찰력이 황금보다 더 귀하다는 말이다. 당송팔대가의 한 사람인 왕안석은 일찍이 '가난한 사람은 독서를 통해 부하게 되고, 부자는 독서를 통해 귀하게 된다'라고 했다. 그러니 내 아이를 부하고 귀하게 키우고 싶다면 책읽기부터 시킬 일이다.

초등학교 1학년은 정말 중요하다. 초등학교 1학년은 인생의 서막이자 첫 단추이다. 이 시기를 어떻게 시작했느냐에 따라 아이의 인생이 달라진다고 해도 지나친 말은 아니다. 이때 생긴 습관들이 약 16년 정도의 학창 생활을 지배한다. 특별히 책읽기 측면에서 초등학교 1학년의 중요성은 아무리 강조해도 언제나 부족하다. 초등학교 1학년은 독서 습관을 형성하는 '독서의 결정적 시기'이기 때문이다. 다른 것은 다 놓쳐도 괜찮다. 하지만 독서 습관만큼은 양보하지 말기를 바란다. 아이가 초등학교 1학년 때 제대로 된 독서 습관을 갖게 된다면 필요한 모든 걸 다 얻은 것이나 마찬가지다. 자녀가 자라면서 책읽기의 위력이 얼마나 대단한지를 눈으로 확인할 수 있을 것이다.

필자는 미취학 및 초등학교 1학년 부모들의 자녀 책읽기에 대한 고민을 덜어주고자 이 책을 집필했다. 초등학교 1학년의 책읽기가 왜 그리고 얼마나 중요한지, 책읽기를 어떻게 시켜야 하는지를 중심으로 소개했다. 아주 신선하고 다소 충격적인 이야기를 기대한 독자들에게는 어쩌면 식상한 이야기일지도 모르겠다. 하지만 기본은 화려하지 않은

법이다. 말없이 강할 뿐이다. 아무쪼록 이 책이 자녀의 책읽기 지도에 조금이나마 도움이 되었으면 하는 바람이다.

2013년 가을

초등교사 작가 송재환

'공부=책읽기'라는 원칙

"선생님 감사합니다. 선생님 책과 강연을 통해 한 줄기 빛을 발견한 느낌입니다. 좋은 책 감사드리고 앞으로도 좋은 책 지속적으로 출간해주시길 바랍니다."

얼마 전에 어느 독자에게 받은 감사 메일의 일부이다. 이 책이 출간된 지 어언 5년. 참 많은 독자들의 사랑을 받았고 지금도 받고 있다. 감사할 따름이다. 이 책 덕분에 나는 전국 방방곡곡으로 강연을 다니면서 많은 독자들과 현장에서 직접 만나기도 했다. 많은 독자들로부터 정말 많은 도움을 받았다는 고백을 들었다. 이런 말을 들을 때마다 필자는 고개를 약간 갸웃거리곤 했다. 책이나 강연 내용은 기껏해야 '책읽기가 정말 중요하니 책을 열심히 읽히라'는 정도인데 왜 그렇게 많은 사람들이

격하게 동감해주는 것일까?

그런데 어느 순간 깨달았다.

'초등 1학년 공부 책읽기가 전부다.'

광고 카피 문구처럼 느껴지기도 하는 이 문구가 진리(?)이기 때문이란 걸 말이다. '전부다'라는 말이 마음에 좀 걸리긴 하지만 과장이 아닌 강조로 받아들인다면 '초등 1학년 공부 책읽기가 전부다'라는 말은 진리라는 확신이 든다. 이런 확신은 이 책의 개정판까지 내게 되는 강력한 동기가 되었다.

"선생님 말처럼 애한테 책 많이 읽혔다가 우리 애 인생 망쳤어요."

누군가에게 이런 고백을 한 번이라도 들었다면 확신은 의심이 되었을 것이다. 하지만 다행히도 이런 고백은 아직 한 번도 들어보지 못했다. 교사를 하면 할수록 '공부는 책읽기가 전부다'라는 확신만 더할 뿐이다.

1학년 아이들을 지도하다 보면 유난히 돋보이는 아이들이 있다. 이 아이들은 수업 시간에 집중을 잘하고, 질문을 던졌을 때 발표에 적극적이며, 답변이 남다르다. 또한, 모둠활동을 시켜도 주도적인 역할을 잘하며, 친구들과의 관계도 원만하며, 말과 글에도 품격이 있다. 이런 아이들은 십중팔구 책을 열심히 읽는 아이들이다.

'아이를 어떻게 공부시킬 것인가?'에 대해 고민을 하는 부모들이라면 좌고우면하지 않길 바란다. 변칙은 당장 통할지 모르지만 원칙은 변하지 않는 법이다. 공부에 있어서 변하지 않는 만고의 원칙이 있다면 '공부=책읽기'라는 원칙일 것이다. 이 원칙에 대해 아직 확신이 없는 분은 이 책이 확신을 심어줄 것이다. 확신을 가졌다면 더 이상 이상한 변칙들에 기웃거리지 말고 묵묵히 책읽기를 시키면서 나아가길 바란다.

　이제까지 그랬던 것처럼 이 책이 앞으로도 갈 길을 몰라 방황하는 많은 학부모들에게 한 줄기 빛과 같은 역할을 했으면 좋겠다. 그랬으면 좋겠다.

2019년 2월

초등교사 작가 송재환

1장

초등 1학년,
아이의 진짜 인생이
시작된다

초등학교 1학년은 적게는 12년, 많게는 20년 정도 되는 학창 시절의 출발점이다. '시작이 반'이라는 말처럼 초등학교 1학년의 1년은 단순한 1년이 아니다. 그 어떤 학년의 1년보다 중요한 의미를 가진다. 하지만 현실적으로 많은 부모들이 1학년 시절을 잘못 보내고 후회하며 땅을 친다. 어떤 부모는 지나치게 많이 준비해서 망친다. 또 다른 부모는 너무 준비를 안 해서 망친다. 초등학교 1학년을 잘 보내려면 그 중요성을 먼저 깨달아야 한다. 그래야 제대로 준비할 수 있는 법이다. 준비하지 않은 사람은 막연한 불안감에 휩싸이기 마련이고, 이 느낌이 '카더라 통신'에 귀를 기울이게 만든다. 그러다가 소중한 시간을 망치는 것이다. 하지만 제대로 준비한 사람에게는 오히려 기대감이 생긴다. 지금부터 한번 초등학교 1학년을 제대로 준비해보자.

자아정체성이
형성되는 시기

필자는 6학년 아이들을 많이 지도했다. 6학년 때 문제 행동을 많이 저지르는 아이들에 대해서 그 아이들의 1학년 때 담임교사들에게 그때 생활이 어땠는지를 물으면 대부분 그때의 모습과 지금의 모습이 비슷하다고 말한다. 쉽게 말해 1학년 때 모습이 6학년 때 모습이라는 것이다. 특히 여자아이들은 1학년 때 모습이 6학년 때까지 이어지는 경우가 많다. 남자아이들은 중간에 변화를 겪기도 하지만 별반 다르지 않다. 왜 이런 현상이 생기는 것일까? 1학년 때 형성된 자아징체성 때문이다. 여기서 말하는 자아정체성이란 우리가 흔히 알고 있는 청소년기의 자아정체성과는 조금 다른 개념이다. 많은 청소년들이 직면하는 자아정체성의 문제는 '나는 누구인가?', '나는 어떤 사람인가?', '나는 앞으로 어떻게 살아가야 하는가?' 등인데 반해, 초등학교 1학년 때 경험하는 자아정체성은 주변 사람들이 나를 어떻게 보느냐에 따라 형성되는 자존감과 비슷한 개념이다. 주변 사람들 중에서 특히 담임교사와 친구가 절대적인 영향을 끼친다. 주변 사람들에게 긍정적인 평가를 받는 아이는 자존감이 굉장히 높게 형성되는 반면, 주변 사람들에게 부정적인 평가를 받는 아이는 이후 회복이 잘 되지 않는 자존감을 형성하게 된다.

1학년 때 모습이
6학년 때까지 가는 아이들

누군가 필자에게 "초등학교 1학년이 왜 중요한가?"라고 묻는다면 서슴없이 이렇게 답할 것이다. "초등학교 1학년은 자아정체성이 형성되는 결정적 시기이기 때문입니다."

자아정체성은 자신이 스스로를 어떤 시각으로 바라보고 있는지를 뜻한다. 자아정체성이 바르게 형성된 사람은 자기 자신을 쓸모 있고 괜찮은 사람이라고 생각하지만, 그르게 형성된 사람은 자기 자신을 쓸모 없고 하찮은 사람이라고 생각한다. 어떤 자아정체성을 가지고 살아가느냐는 인생의 성공과 실패를 가늠할 수 있는 중요한 열쇠이다.

초등학교 입학 전에는 부모에 의해 자아정체성이 형성된다면 입학후에는 교사에 의해 형성된다. 교사가 아이를 어떤 시각으로 보느냐에 따라 아이의 자아정체성은 긍정적으로 형성될 수도 있고, 부정적으로 형성될 수도 있다. 특히 초등학교 1학년 때 선생님이 어떻게 보느냐는 아이의 자아정체성 형성에 결정적인 영향을 끼친다. 1학년 때 선생님이 어떤 아이를 문제아라고 보면 이 아이에게는 6학년 때까지 문제아라는 딱지가 붙어 다닌다. 반대로 1학년 때 선생님이 어떤 아이를 모범생으로 보면 그 아이는 다방면에서 두각을 나타내며 졸업할 때 빛나는 졸업장을 받는다. 이처럼 어느 특정한 시기에 어떤 꼬리표가 붙느냐에 따라 그 이후의 삶이 달라지는 것을 '낙인 이론Labeling Theory'이라고 한다. 낙인 이론은 1960년대 미국에서 등장한 이론으로 사회가 어떤 구성원에게 꼬리표를 붙이는 행위를 뜻한다. 예를 들어 학생이 잘못을 저지를 때마다 교사가 '너는 문제아야'라고 계속해서 말하면 결국엔 문제아가 되는 것처럼 말이다. 실제로 이런 일이 학교에서 많이 벌어진다. 특히 1학년 때 교사한테 문제 있는 아이로 낙인찍히면 그 낙인은 좀처럼 지워지지 않는 경우가 많다.

어휘력 부족으로
산만해지는 아이들

아이들이 교사에게 안 좋은 낙인이 찍히는 가장 큰 원인은 무엇일까? 단연 1위는 수업 시간의 산만한 태도다. 5분은 고사하고 단 1분도 가만히 있지 못하는 아이들이 의외로 많다. 산만한 아이들은 수업을 도와주기는커녕 방해만 한다. 교사 입장에서는 이런 아이들이 곱게 보일 리가 만무하다. 그렇다면 아이들은 왜 수업 시간에 산만해지는 걸까? 여기에는 여러 가지 이유가 있다. ADHD(주의력결핍 과잉행동장애)와 같이 병에 걸린 아이들도 있지만 사실 이런 아이들은 극소수에 불과하다. 대개의 아이들은 어휘력이 부족하고 지나친 선행 학습을 하는 바람에 수업 시간에 산만해진다.

어휘력이 부족한 아이는 일단 교과서를 읽어도 무슨 말인지 잘 이해하지 못한다. 모르는 어휘가 많이 나오는 교과서가 재미있을 리 없다. 그러다 보니 자연스럽게 교과서를 멀리하게 된다. 수업은 교과서 중심으로 진행되는데 교과서가 싫어지니 자꾸 교사에게 지적을 받게 된다. 좋지 않은 낙인이 자꾸 찍히는 것이다. 또한 이런 아이는 교사의 설명도 잘 이해하지 못한다. 교사가 열 마디를 하면 아홉 마디는 이해해야 하는데 예닐곱 마디밖에 이해하지 못한다. 부모 마음 같아서는 이해를 못하니 더 귀를 기울여서 들었으면 좋겠는데 아이 입장에서는 들어도 무슨 말인지 모르니 딴짓을 할 수밖에 없다. 교사의 말을 잘 이해하지 못하니 교사가 지시한 대로 활동을 할 수도 없다. 그러다가 본의 아니게 엉뚱한 짓을 하게 된다. 결과적으로 교사에게 자꾸 지적을 당하면서 좋지 않은 낙인이 찍힌다.

선행 학습으로
산만해지는 아이들

요즘 초등학교 1학년 아이들 가운데 코피를 흘리는 아이들이 참 많다. 1학년 교실 근처 복도에 코피가 뚝뚝 떨어져 있는 풍경을 쉽게 볼 수 있다. 왜 그런 것일까? 바로 지나친 선행 학습 때문이다.

언제부턴가 읽기는 말할 것도 없고 쓰기는 물론 기본적인 셈까지 1학년 때 배워야 할 내용을 다 알고 초등학교에 들어온 아이들을 많이 볼 수 있다. 과연 선행 학습으로 무장한 아이들이 학교에서 두각을 나타낼까? 현실은 부모의 기대와는 다르다. 선행 학습을 열심히 하고 들어온 아이들은 대개 학년 초에 반짝하다가 만다. 지적 호기심이 채워지지 않기 때문이다. 학교는 굉장히 신기한 곳인 줄만 알았는데, 자기가 아는 것만 가르치는 별 볼 일 없고 따분한 곳이 되어버린 것이다. 이미 자기가 다 아는 내용만 배우다 보니 수업 시간이 전혀 흥미롭지 않다. 뭣 좀 안다고 자랑질이라도 해보고 싶은데 자기처럼 자랑질하려는 친구가 너무 많아서 그것마저도 잘되지를 않는다. 이런 아이들이 선택할 수 있는 길은 자신과 비슷한 처지에 놓인 친구와 잡담을 하거나 장난치는 것밖에는 대안이 없다. 그러다 선생님한테 산만한 아이로 낙인찍히기 십상이다.

오히려 선행 학습을 안 하고 들어온 아이들이 수업 내용을 더 깊이 배우는 경우가 많다. 이런 아이들의 가장 큰 장점은 배움에 대한 열정과 호기심이 살아 있다는 것이다. 열정과 호기심이 살아 있는 아이들은 좋은 선생님을 만나 날개를 펼치면 어쭙잖게 선행 학습을 하고 들어온 아이들보다 좋은 결과를 얻는다. 실제로 선행 학습을 하지 않은 아이들 중 배움에 대한 호기심이 가득한 아이들은 1학년 2학기 정도부터 선행 학습을 하고 들어온 아이들을 추월하기 시작한다.

뭔가를 먼저 배우는 선행 학습이 당연하게 인식되는 세태이다. 하지만 선행 학습은 양면의 날을 가진 칼과 같다. 잘 사용하면 아이에게 유익하게 작용할 수 있지만, 잘못 사용하면 안 하느니만 못한 결과가 나온다. 그림 그리기를 즐기던 아이가 미술 학원에 다니기 시작하면서 그림 그리기에 대한 흥미가 오히려 더 떨어진다. 수학을 좋아하던 아이가 학습지며 학원 공부며 잔뜩 하다가 수학을 싫어하는 아이로 전락하곤 한다. 이는 꽃봉오리를 억지로 벌리는 처사라고 할 수 있다. 꽃봉오리를 억지로 벌리는 엄마들은 먼저 배우면 앞서가는 것이라고 착각한다. 하지만 그렇지 않다. 더 많이 가르치려다 타고난 것마저 잃게 될 수 있다.

기본 생활 습관이
형성되지 않은 아이들

———

필자는 몇 년 전에 1학년 아이들을 지도하면서 정말 힘든 아이를 한 명 만난 적이 있다. 우선 이 아이의 인생 사전에는 '정리'라는 말이 없는 듯 했다. 자리와 책상은 마치 이삿날 아침 풍경을 방불케 했다. 서랍 속은 불룩하게 튀어 올라와 있고, 개인 사물함은 열기만 하면 물건이 와르르 쏟아지곤 했다. 노상 물통을 끼고 살면서 물을 마셨는데, 하루에도 한두 번씩은 물통을 쏟아 교실을 물바다로 만들곤 했다. 조금이라도 나무라거나 마음에 들지 않으면 울기부터 했다. 이런 아이의 모습을 보면서 내색은 못했지만 같이 울고 싶은 심정이었다.

수업 시간에 산만한 태도만큼이나 교사한테 좋지 않은 낙인이 찍히는 건 기본 생활 습관이 엉망인 경우이다. 교사 입장에서는 1학년 아이가 인사를 잘하고, 자기 자리 정돈을 잘하며, 밥만 잘 먹어도 예쁘기만 하다. 하지만 이런 기본 생활 습관이 제대로 든 아이는 몇 명 되지 않는다. 인사를 제대로 할 줄 모르는 것은 기본이다. 자기 자리는 정리가 안 되어 쓰레기장을 방불케 한다. 밥 먹는 것도 어찌나 힘든지 모른다. 편식은 기본이고 가만히 두면 점심시간 동안 밥을 다 먹지도 못한다. 심지어 젓가락질도 못해서 교사에게 밥을 먹여달라고 하는 아이들도 있다. 상황이 이렇다 보니 1학년 교사들은 밥이 코로 들어가는지 입으로 들어가는지 모를 지경이 된다. 아이들이 가정과 유치원에서 뭘 배웠나 싶다. '인생의 중요한 것은 유치원 때 다 배웠다'라는 말이 무색하다. 인생에서 가장 중요한 기본 생활 습관이 제대로 들지 않은 상태에서 1학년에 입학한 아이들은 교사 눈에 달갑지 않다. 또 한 번 좋지 않은 낙인이 찍히는 것이다.

초등학교 입학 전에 공부를 시킨답시고 시간을 허비하지 않았으면 좋겠다. 공부를 좀 더 하고 들어온다고 해서 교사에게 예쁨을 받는 건 아니다. 그보다 먼저 기본 생활 습관이 제대로 들었는지 점검하고 도와 줘야 한다. 우리 아이가 학교생활을 하는 데 남에게 피해를 주지 않을 정도는 되는지 확인해야 한다. 만약 그렇지 않다면 공부를 시키기 전에 기본 생활 습관 형성부터 연습시키는 것이 올바른 순서이다. 그래야지만 아이가 교사와 친구들로부터 인정받고 사랑받을 수 있다.

하늘은
복 없는 인생을 내지 않는다
———

아이의 자아정체성은 하루아침에 형성되지 않는다. 자아정체성은 부모나 교사의 반복적인 반응에 의해 형성된다. 특히 초등학교 입학 전에는 부모의 태도가 절대적이다. 자녀에 대한 부모의 기본적인 태도에 따라 아이는 긍정적인 자아정체성을 형성하기도 하고, 부정적인 자아정체성을 형성하기도 한다.

　부모와 자녀의 관계는 좋았다가도 학업에 대한 부담감이 시작되는 예닐곱 살부터 슬슬 틀어지는 경우가 많다. 부모의 욕심이 개입하는 것이다. 부모가 의도한 대로 자녀가 따라오면 그나마 다행이다. 만약 아이가 의도한 대로 따라오지 못하면 부모의 마음은 점점 초조해진다. 내 아이만큼은 똑소리나게 키우려고 했는데 시작부터 삐걱대는 것만 같아 이만저만 속상한 게 아니다. 그러면서 아이에 대한 믿음과 신뢰가 깨지기 시작한다. "너 바보니?", "몇 번을 말해야 알아듣겠니?"와 같이 부모의 입에서 점점 거친 말과 부정적인 말들이 튀어나온다. 이런 말을 들을 때마다 아이에게는 부정적인 자아정체성이 형성된다. 부정적인 자아정체성이 형성된 아이는 매사 부정적일 뿐만 아니라 무기력하다. 이런 아이일수록 초등학교 입학 후 교사에게 좋지 않은 낙인이 찍힌다. 부모에게 사랑받지 못하는 아이가 교사에게 사랑받을 것이라 착각하지 마라. 세상 어느 누구도 부모만큼 자녀를 이해할 수 없다. 세상 어느 누구도 부모만큼 자녀를 사랑할 수 없다.

『명심보감』「성심편省心篇」에 다음 구절이 나온다.

天不生無祿之人 地不長無名之草(천불생무록지인 지부장무명지초)
하늘은 복 없는 사람을 내지 않고, 땅은 이름 없는 풀을 기르지 않는다.

이 시대를 살아가는 부모들이 꼭 가슴에 새겨야 하는 구절이라고 생각한다. 하늘은 복 없는 사람을 내지 않는다고 했다. 혹시 내 아이의 복이 지지리도 없다고 생각하는가? 땅은 이름 없는 풀을 기르지 않는다고 했다. 혹시 내 아이가 이름 없는 인생을 살게 될까봐 걱정하는가? 그렇다면 생각을 바꿔야 한다. 아이는 부모의 생각과 기대대로 자랄 것이기 때문이다.

어휘량이
폭발하는 시기

2학년 국어 시간, 시간을 나타내는 말을 배울 때의 일이다. 「까만 어린양」이라는 이야기를 읽고, 그 속에서 시간을 나타내는 말을 찾아보는 수업이었다. 아이들은 아침, 점심, 가을, 겨울 등과 같이 시간을 나타내는 비교적 쉬운 말들을 잘 찾아냈다. 그런데 이때 한 아이가 "간밤이요"라며 2학년 아이들한테는 다소 생소하고 어려운 어휘를 찾아내서 말했다. 그러자 많은 아이들이 웅성거렸다.

"간밤? 간밤이 무슨 말이야? 넌 알아?"

"아니, 나도 몰라."

급기야 어떤 아이가 "간밤이 대체 무슨 말이야? 먹는 밤이야?"라고 말했다. 이때 발표한 아이가 대답했다.

"간밤도 모르냐? 지나간 밤이 간밤이야."

아이들을 가르치다 보면 이런 일은 아주 흔하게 일어난다. '간밤'이라는 어휘를 아는 아이와 모르는 아이 중에 누가 더 공부를 잘하겠는가? 이렇게 어리석은 질문도 없을 것이다. 어휘량과 공부는 떼려야 뗄 수 없는 관계이다. 어휘량이 빈약한 아이들은 절대로 공부를 잘할 수 없다. 어휘력이 공부력이다.

어휘력과 시험의 상관관계

——

아이들이 시험 문제를 틀리는 이유를 살펴보면 정말 몰라서 틀리는 경우도 있지만 단순한 어휘 하나를 몰라서 틀리는 경우도 매우 흔하다. 시험을 볼 때 아이들이 질문하는 대부분의 내용은 모르는 단어의 뜻을 물어보는 것이다. 어려운 단어를 묻는 경우도 있지만 아주 평이한 단어를 묻는 경우도 많다. 1학년을 대상으로 수학 단원 평가를 보는데 한 아이가 묻는다.

"선생님, 풀이 과정을 쓰라는 게 무슨 말이에요?"

시험 문제 절반 이상이 풀이 과정과 답을 쓰는 문제인데 풀이 과정이 무슨 말인지를 물으니 교사로서는 뜨악할 수밖에 없다. 그래도 평정심을 잃지 않고 최대한 친절하게 답해주었다.

"풀이 과정은 문제를 푸는 과정을 쓰라는 말이란다."

이 말을 들은 아이는 교사를 빤히 쳐다보더니 한 번 더 질문한다.

"과정은 무슨 말인데요?"

이런 상황은 아무리 20년 경력의 교사라도 할 말을 잃게 만든다. 이처럼 빈곤한 어휘력 때문에 일어나는 어처구니없는 일들은 저학년과 고학년을 가리지 않는다. 고학년 중에서도 어휘력이 저학년 수준에 머물러 있는 아이들이 많다. 언젠가 6학년을 가르칠 때 이런 일이 있었다. 중간고사 수학 시험이 끝났는데 한 남자아이가 다가와 묻는다.

"선생님, 이튿날은 이틀 후라는 말이지요?"

"아니. 이튿날은 그 다음의 날이라는 뜻인데……."

그러자 그 아이가 갑자기 머리를 쥐어뜯으면서 "아, 틀렸다"라고 말하는 것이었다. 연이어 주변에 있던 몇몇 아이들 역시 자기도 틀렸다며 함께 머리를 쥐어뜯는 게 아닌가. 왜 그런지 궁금해서 시험지를 살펴보았더니 다음과 같은 문제가 있었다.

하루에 20분씩 빨리 가는 시계가 있습니다. 오늘 이 시계를 낮 2시에 맞춰놓았습니다. 이튿날 밤 8시에 이 시계가 가리키는 시각은 몇 시 몇 분입니까?

정답은 8시 25분이었는데, 머리를 쥐어뜯던 아이들은 정답을 8시 45분이라고 써놓았다. '이튿날'의 뜻을 잘 모르고 이틀로 계산한 결과였다.

6학년 아이들이 '이튿날'이라는 단어의 뜻을 몰라 멀쩡한 수학 문제 하나를 틀렸으니 오죽 억울하겠는가? 이처럼 어휘력은 때때로 시험 결과에 직접적인 영향을 끼치기도 한다.

어휘량의 빅뱅이 일어나는
초등학교 1학년
———

사람의 키는 아무 때나 자라지 않는다. 태어났을 때와 사춘기 때 폭발적으로 자란 다음, 더 이상 자라지 않는다. 어휘력도 마찬가지이다. 어휘력은 한없이 늘지 않는다. 그런데 어휘력이 폭발적으로 느는 시기가 있다. 바로 초등학교 시절이다. 캐나다의 언어학자 펜필드Penfield는 '결정적 시기 이론Critical Period Theory'을 주장하며 다음과 같이 말했다.

> 아동기는 생애 중에서 어휘 습득이 가장 왕성한 시기이다. 이때 습득한 어휘는 성인이 되어 원활한 독서와 청취는 물론이고, 생각과 의사를 글로 쓰고 말로 표현하는 데 사용된다. 아동기 이후 어휘 습득은 생물학적 제약을 받아 둔화된다. 따라서 어휘량이 풍부하고 좋은 어휘를 사용하는 아이로 키우기 위해서는 아동기 독서가 결정적인 역할을 한다.

펜필드의 이러한 주장을 뒷받침해줄 만한 자료로는 일본의 교육 심리학자 사카모토 이치로阪本一郎의 '아동 및 청년의 어휘량 발달표'를 참고할 만하다.

이 표에 의하면 태어나면서부터 7세까지 어휘량의 증가 속도는 한

연령	어휘량 증가	연 증가량
7	6,770	–
8	7,971	1,271
9	10,276	2,306
10	13,878	3,602
11	19,326	5,448
12	25,668	6,342
13	31,240	5,572
14	36,229	4,989

해에 500단어 내외 정도이다. 하지만 초등학교 1학년 시기인 8세부터 증가 속도가 확연히 달라진다. 10세 전후로 매해 5,000단어 정도씩 증가한다. 습득 어휘가 급속도로 증가하는, 이른바 어휘 폭발기가 시작되는 것이다. 1년에 5,000단어를 습득하려면 하루에 15단어 정도를 습득해야 한다는 산술적인 계산이 나온다. 실로 엄청난 양이라 할 수 있다.

인간은 자신의 머릿속에 저장된 어휘만큼만 이해하고 생각하며, 이해하고 생각한 만큼만 느낄 수 있다. '어휘의 한계가 세계의 한계'라는 말이 괜히 있는 게 아니다. 이렇듯 중요한 어휘량은 초등학교 시절에 폭발적으로 증가한다. 초등학교 1학년은 그 폭발의 시작점이다.

어휘력 향상의 유일한 해법, 책읽기

대포가 큰 폭발을 일으키려면 장약을 많이 채워야 한다. 마찬가지로 어휘 폭발이 제대로 일어나려면 아이는 머릿속에 어휘를 많이 채워 넣어야 한다. 하루에 20단어씩이나 되는 새로운 어휘들을 어디에서 구해 채울 것인가? 우리는 흔히 수준 높은 대화를 통해 많은 어휘를 습득할 수 있다고 생각한다. 맞는 말이다. 아이는 엄마와의 끊임없는 대화를 통해 일상 대화 수준의 어휘를 습득한다. 하지만 그 후에는 일상 수준의 대화가 어휘력 습득에 도움이 되지 않는다. 특별히 토론처럼 강도 높은 대화는 어휘력을 키우는 데 도움이 되겠지만, 일반 대화로는 더 이상의 어휘 자극이 이루어지지 않는다. 친구들과의 대화를 통해서는 고만고만한 수준의 어휘만 접하게 될 뿐이다. 부모와의 대화도 마찬가지이다. 대부분의 부모들이 "빨리 일어나"로 시작해 "빨리 자"로 끝나는 아주 단순한 수준의 어휘를 구사한다. 부모와 자녀가 하루 동안 나누는 대화에 동원되는 어휘는 1,000단어를 채 벗어나지 못하는 경우가 허다하다. 이렇게 단순한 어휘 사용으로는 아이의 어휘력 향상을 기대할 수 없다.

어떻게 하면 아이의 어휘력을 향상시킬 수 있을까? 책읽기밖에는 대안이 없다. 책은 어휘의 보고로서 책을 읽는 아이는 끊임없이 수많은 어휘를 접할 수 있다. 그중에는 이미 아는 어휘도 있고, 알 듯 모를 듯한 경계 어휘도 있으며, 전혀 모르는 생소한 어휘도 있다. 아이는 책을 읽으면서 자신이 몰랐던 어휘의 의미를 알게 되기도 하고, 정확히 알지 못했던 경계 어휘의 뜻을 깨닫기도 한다. 책읽기가 아이의 어휘 지경을 넓히고 깊게 만드는 것이다.

어휘력 빈곤에 시달리는
영어 유치원 출신들

———

"개나리 노란 꽃그늘 아래 가지런히 놓여 있는 꼬까신 하나⋯⋯."

1학년 국어 시간에 '꼬까신'이라는 동시가 나와서 아이들에게 노래를 한번 불러보자고 했는데 부를 줄 모르는 아이들이 제법 있었다. 유치원생들도 다 아는 국민동요라고 생각했는데 의외였다. 이유를 알고 싶어 모르는 사람 손들어보라고 했더니 꽤 많은 아이가 손을 든다. 한 아이가 볼멘소리로 변명을 한다.

"선생님. 저는 영어 유치원에서 저런 거 안 배웠단 말이에요."

"저도요."

"저도요."

영어 유치원 때문에 빚어진 웃픈 현실이다. 언제부턴가 한 달 교육비가 200만 원을 호가하는 영어 유치원들이 난리다. 유치원 교육비치고는 굉장히 비싼데도 불구하고 일부 인기 있는 영어 유치원은 자리가 없어 못 보낼 지경이다. 어릴 때부터 원어민과 함께 지내며 영어에 대한 두려움을 극복시켜준다고 하니 비싼 교육비는 얼마든지 감수할 수 있다고 생각한다. 하지만 영어 유치원 출신 아이들이 초등학교 입학 후 어휘력 빈곤에 시달리고 있다는 현실은 잘 모른다. 1학년 초에 영어 유치원 출신 아이들이 일반 유치원 출신 아이들에 비해 주목을 받는 건 사실이다. 영어로 능숙하게 말하며 발음이 좋고 표현에 거침이 없기 때문이다. 아쉽지만 이것은 잠시뿐이다. 영어 유치원 출신 아이들은 일반 교과 시간만 되면 꿀 먹은 벙어리가 되거나 교사에게 계속 모르는 어휘에 대해 질문한다. 정말 쉬운 어휘인데도 그 뜻을 몰라 물어보는 아이들도 있다. 질문으로 인해 수업의 흐름이 자꾸만 끊기니 교사 입장에서는 이런 아이들이 달가울 리 없다.

2학년 아이들과 방정환 선생의 『만년샤쓰』라는 작품을 읽을 때 있었던 일이다. 내용은 그리 어렵지 않았지만 1928년 작품이라서 그런지 생소한 어휘나 표현이 다소 많이 나와 아이들은 책 읽는 걸 힘겨워했다. 그래서 필자는 어휘를 가르쳐주고자 모르는 어휘에 물음표(?) 표시를 하면서 읽으라고 했다. 많은 아이들이 한 쪽당 5개 내외의 어휘에 물음표 표시를 했다. 그런데 어떤 여자아이가 한 쪽에 10개도 넘는 어휘에 표시를 한 게 아닌가. 장난치는 줄 알고 "모르는 단어에 표시를 하라고 했는데 왜 장난치고 있니?"라고 했더니, 그 아이가 "이거 다 모르는 단어인데요"라고 대답하는 것이었다. 더 이상 할 말이 없었다. 2년 정도 영어 유치원을 다녔던 아이라 평소에도 어휘력이 좀 부족하다는 생각을 하긴 했었는데, 다소 수준 높은 책을 읽히니 그 실력이 적나라하게 드러난 것이다.

영어 유치원을 다녔던 아이들이 어휘력 빈곤에 시달리는 건 어찌 보면 당연한 결과이다. 보통 영어 유치원에서는 우리말을 쓰지 못한다. 영어 유치원에 다니면 평균 하루에 6시간 정도 우리말을 듣지 못하고 우리말로 말하지 못한다. 1년을 기준으로 계산하면 수천 시간 동안 우리말을 쓰지 못하는 꼴이다. 유치원 시기는 어휘력 폭발이 일어나기 바로 직전의 시기로 정말 중요하다. 그런데 이 시기에 우리말을 제대로 듣지 못하고 말하지 못한다면 어휘력의 격차가 벌어질 수밖에 없다. 영어를 좀 잘하게 하려다가 모국어도 제대로 구사하지 못하는 상황이 발생할 수 있는 것이다. 영어 유치원이 나쁘다고 매도하고 싶지는 않다. 아이가 영어 유치원에 다닌다면 부모는 모국어의 어휘력이 떨어지지 않도록 특단의 조치를 취해야 한다. 그렇지 않으면 아이가 초등학교 입학 후 어휘력 빈곤으로 수업 시간에 헤매거나 천덕꾸러기가 될 수도 있다. 부모는 이 사실을 간과하지 말아야 한다.

03

상상력과 호기심이
무궁무진한 시기

1학년 아이들을 가르치다 보면 교사가 가장 많이 듣는 소리가 있다. 바로 '선생님'이라는 말이다. 불과 하루 동안에 '선생님'이란 말을 수백 번도 더 듣는다.

"선생님, 화장실이요!"

"선생님, 몇 시예요?"

"선생님, 쟤가 나한테 뭐라 그랬어요."

아이들은 이상하게도 쉬는 시간에는 실컷 뛰어놀다가 수업 시작종만 치면 화장실에 가고 싶어 한다. 그리고 계속해서 시간을 물어댄다. 이렇게 파도처럼 끊임없이 제기되는 민원을 듣다 보면 하루해가 짧다. 그나마 위에서 언급한 예시는 나은 편이다. 아이들은 이런 말도 한다.

"선생님, 배고파요."

"선생님, 우리 점심 먹었어요?"

"선생님, 지금 몇 교시예요?"

"선생님, 공책 안 가져왔어요."

"선생님, 친구가 연필 안 빌려줘요."

"선생님, 1+1은 2인데 얘가 자꾸 2가 아니래요."

이쯤 되면 교사는 뒷목 잡고 쓰러질 지경이 된다. 나중에는 퇴근 후에도 '선생님'이라는 환청이 들리는 듯하다. 1학년 아이들에게 모든 길은 선생님으로 통한다.

"선생님, 저요! 저요!"

'선생님'이 들어간 말 중에서 가장 듣기 좋은 말이 있다. 바로 수업 시간에 아이들이 서로 발표하겠다고 아우성치는 소리이다.

"선생님, 저요! 저요!"

"누가 한번 말해볼까?"

교사의 말이 떨어지기 무섭게 터져 나오는 함성과 같은 이 말은 저학년 교사만이 들을 수 있는 특권과 같은 소리이다. 고학년 교사들은 듣고 싶어도 절대 들을 수 없는 소리이기도 하다. 이 소리를 외치는 아이들의 눈빛은 살아 있고 강렬하다. 배움에 대한 강한 의지가 서려 있고 호기심에 가득 차 있다. 1학년 아이들은 정말 호기심이 많다. 그래서인지 질문이 끊이질 않는다.

"선생님, 뭐 하세요?"

이렇게 물어보면서 교사에 대한 호기심을 표현한다. 이런 질문에는 친절하게 답변해줄 수 있다. 하지만 대개는 말문이 막힐 법한 질문을 해서 교사를 당황스럽게 한다.

"선생님, 하늘은 왜 파래요?"

"선생님, 1+1은 왜 2예요?"

1학년 아이들의 질문은 거침이 없다. 그리고 표현도 거침이 없다. 말로 표현하기 힘든 내용은 바닥에 뒹굴어서라도 표현하는 게 1학년 아이들이다. 왕성한 표현력을 주체할 수 없기에 그토록 "저요! 저요!"를 외치는 것이다. 교사가 발표를 시켜주지 않으면 우는 아이들도 있다. 자신의 표현 욕구가 좌절된 데서 오는 아쉬움의 표현이다. 이와 같은 표현력과 호기심의 시절은 다시 돌아오지 않는다. 초등학교 1학년 때야말로 인생 최고 절정의 호기심과 표현력의 시기이다.

공벌레로
애정표현을 하는 아이들

—

점심시간, 1학년 교실에서 어떤 아이들은 책을 보고 있고, 어떤 아이들은 친구들과 같이 그림을 그리거나 수다를 떨고 있다.

"야! 여기 개미 있다."

한 남자아이의 이 말에 반에 있던 모든 아이들이 그곳으로 우르르 몰려갔다. 그 순간 그곳은 아수라장이 되었다. 개미 한 마리 보겠다며 서로 밀치고 부딪히고, 자기 차례가 오지 않는다며 우는 아이까지 속출했다. 아이들의 호기심이 부른 촌극이다.

아이들의 호기심은 남다르다. 어른들의 호기심과는 사뭇 다르다. 어른들이 관심 있는 것에 아이들은 관심이 없다. 아이들은 어른들이 관심 없는 것에 관심이 많다. 때문에 어른들은 보지 못하는 것을 본다. 땅바닥에 기어가는 개미에게 관심을 가질 어른이 얼마나 있을까? 그런데 아이들은 다르다. 개미 한 마리에도 반 전체가 들썩이는 것이다.

어른들은 거시적 관점이 발달했다면 아이들은 미시적 관점이 발달했다. 어른들은 보지 못하고 관심 없는 것을 잘도 찾아내고 호기심을 갖곤 한다. 한번은 1학년 아이들 사이에서 '공벌레 잡기'가 유행했다. 공벌레는 쥐며느리를 부르는 아이들의 애칭이다. 수풀이 우거지거나 그늘진 곳에 숨어 사는 공벌레를 1학년 아이들은 잘도 잡아서 손바닥에 올려놓고 너무 귀엽다며 얼마나 애지중지하는지 모른다. 공벌레를 잘 잡는 아이들은 아이들 사이에서 선망의 대상이 된다. 심지어 남자아이들은 공벌레를 잡아서 자기가 좋아하는 여자아이들에게 선물로 준다. 더 놀라운 것은 어떤 여자아이는 자기한테는 공벌레를 주지 않는다고 운다. 어른들 시각에서는 징그럽고 더러운 공벌레가 1학년 아이들에게는 어른들에게 장미꽃이나 다름없다. 어른들과 아이들을 같은 인간 범주에 넣는 것 자체가 무리일지 모른다는 생각이 들곤 한다.

아이들의 호기심을 어른들은 산만함으로 오해하곤 한다. 호기심과 산만함은 비슷하게 보일지도 모르지만 질적으로 전혀 다르다. 산만하지 않은 아이는 있어도 호기심 없는 아이는 없다. 호기심이 없는 아이는 더 이상 아이가 아니다. 무엇인가 새롭거나 신기한 것에 끌리는 마음인 호기심은 아이들이 가진 신기한 능력이다. 아이들에게 호기심이 없다면 애당초 배움은 시작되지 않았을지 모른다. 이 능력이 가장 왕성한 시기가 바로 초등학교 1, 2학년들이다. 노련한 교사와 좋은 부모는 이 호기심을 배움으로 이끌 줄 안다. 호기심을 연료 삼아 배움의 폭발을 일으킬 줄 안다. 하지만 어리석은 교사와 나쁜 부모는 있는 호기심마저 사그라지게 만든다. 호기심을 산만함으로 치부해버린다.

"선생님,
재미있는 이야기 좀 해주세요."

———

1학년 아이들은 일상이 좀 무료하다 싶으면 시도 때도 없이 이런 말을 한다.

"선생님, 재미있는 이야기 좀 해주세요."

그렇다고 딱히 특별한 이야기를 좋아하는 건 아니다. 아이들이 말하는 재미있는 이야기란 다름 아닌 똥 이야기, 무서운 이야기, 말도 안 되는 황당한 이야기이다. 아이들은 이런 이야기를 참 좋아한다. 어른들은 너무 유치찬란해서 들을 수 없는 이야기에 아이들은 쉽게 흥분을 하고 재미를 느낀다.

1학년 아이들은 논리적이고 과학적인 사실을 바탕으로 한 이야기보다는 상상력을 기반으로 한 이야기에 훨씬 더 끌리고 관심을 가진다. 상상력이 풍부하기 때문이다. 자신들의 상상력이 풍부하기 때문에 상상력을 자극하는 이야기가 훨씬 재미있다고 느낀다. 너무 현실적이고 논리적인 이야기에는 그다지 흥미를 못 느낀다. 이런 이야기들은 대개 상상력이 결여된 데다 아이들의 상상력이 낄 틈조차 없기 때문이다.

초등학교 1학년 아이들은 넘치는 상상력을 주체하지 못한다. 고학년 아이들에게 이야기를 만들어내라고 하면 못하겠다고 한다. 반면, 1학년 아이들에게 이야기를 만들어내라고 하면 정말 잘도 지어낸다. 언젠가 1학년 아이들에게 자신이 만든 이야기를 종이에 적어서 교실 뒤쪽에 전시하라고 했더니 난리가 났다. 아이들이 이야기를 지어내더니 서로 친구들에게 자기 이야기 좀 읽어보라고 하는 것이었다. 하루에도 수십 편의 글들이 쏟아졌다. 그중에는 정말 말이 안 되는 이야기도 있었지만, 어떤 건 정말 그럴싸한 이야기도 있었다. 1학년 아이들의 상상력으로 인해 빚어진 일이었다. 이 정도로 1학년 아이들은 뭘 하라고 하면 주저하는 법이 없다. 나름대로 만들어내고, 나름대로 지어내며, 나름대로 표현한다. 상상력이 무궁무진하기 때문이다. 상상력이 살아 있기 때문이다.

상상력은
꿈의 가장 큰 자양분이다

———

한 1학년 여자아이가 더운 여름날 선풍기 앞에서 입을 크게 쩍 벌리고 있다.

"선생님 저 지금 뭐하고 있는지 아세요? 바람 먹고 있는 중이에요. 아, 맛있다."

이 소리를 들은 다른 아이들도 나도 좀 먹자며 선풍기 앞으로 달려들어 한바탕 소란이 벌어진다. 바람을 쐬는 것이 아니라 먹는단다. 하기야 바람을 쐬는 것보다 먹는 것이 더 시원할 듯하다. 어른들은 기껏해야 나이나 먹는다고 생각하지, 바람을 먹는다는 생각은 하지 못할 것이다. 하지만 1학년 아이들은 바람을 먹고 구름을 솜사탕처럼 뜯어먹기도 한다. 이런 엉뚱함이 가끔은 필자를 난처하게도 만들지만, 고정관념에 휩싸여가는 스스로를 돌아보게도 한다. 이런 점이 있기에 1학년은 가르칠 맛이 난다.

1학년 때 마음껏 상상의 나래를 펼쳐보는 것이 중요한데, 거기에는 여러 가지 이유가 있다. 우선 상상력과 현실적인 사고는 서로 이어져 있다. 1, 2학년 때 상상을 할 수 있는 만큼 많이 해봐야 3, 4학년 때 현실적인 사고도 무리 없이 할 수 있는 법이다. 5, 6세경 발달하기 시작한 상상력과 호기심은 초등학교 1학년경 최고조에 이른다. 이때 적당히 자극을 받아 상상력을 발산하면 현실적인 사고도 제대로 할 수 있다. 구체적 조작을 많이 해본 사람이 추상적 사고를 잘할 수 있는 이치와 비슷하다.

상상력이 중요한 또 다른 이유는 상상력이 있어야지만 꿈을 가질 수 있기 때문이다. 아이들에게 20년 뒤의 자기 모습을 그려보라고 하면 몇몇 아이들이 빼놓지 않고 하는 말이 있다.

"선생님! 저는 내일도 상상이 안 돼요."

내일도 상상이 안 되는 아이가 몇 년 뒤나 몇 십 년 뒤에 이룰 '꿈'을 과연 가질 수 있을까? 꿈이 없는 사람이 꿈을 이루기 위해 열심히 노력할 수 있을까? 있을 수 없는 일이다. 꿈도 상상력의 산물이기 때문에 상상력이 없으면 가질 수 없는 것이 바로 '꿈'이다. 아이가 어렸을 때부터 꿈을 갖길 원한다면 상상력을 키워주고 자극해주어야 한다. 그렇다면 무엇으로 상상력을 키워줄 것인가? 지구촌 구석구석을 누비면서 상상력을 키워줄 것인가? 여건만 허락한다면 이보다 더 좋은 방법도 드물다. 하지만 현실의 제약이 너무나 많다. 우리에게 현실적으로 허락된 가장 좋은 방법은 바로 책읽기이다. 동화책 한 권을 통해 아이는 누구도 가보지 못한 머나먼 우주로 여행을 갈 수 있다. 누구도 갈 수 없는 역사 속으로도 여행을 떠날 수 있다. 이런 과정을 거치며 아이는 상상력의 대가가 될 것이고, 꿈을 가지게 될 것이며, 더 나아가서는 세계를 품는 리더가 될 것이다.

04

독서 습관을
만들어가는 시기

인생은 습관의 싸움이다. 좋은 습관을 가진 사람은 성공하기 마련이고, 나쁜 습관을 가진 사람은 실패하는 법이다. 『습관의 힘(The Power of Habit)』에는 습관의 힘이 얼마나 무서운지 잘 나와 있다. 이 책은 늦잠, 야식, 흡연, 음주뿐만 아니라 자동차를 운전하고, 휴대 전화를 들여다보며, 이메일을 확인하고, 커피를 마시는 것과 같은 일상적인 행위들까지도 우리가 의식적으로 선택하는 것이 아닌 습관의 산물이라고 주장한다. 책을 읽다 보면 심리학자 윌리엄 제임스William James의 '인간이 하는 행위의 99퍼센트가 습관에서 나온다'라는 주장이 사실처럼 느껴진다. 한마디로 성공하려면 나쁜 습관을 좋은 습관으로 바꿔야 하고, 습관 바꾸기는 생각보다 어렵지 않으니 우선 도전하라는 것이다.

미래 사회를 살아갈 아이의 인생에서 가장 중요한 습관은 무엇일까? 여러 가지를 꼽을 수 있겠지만, 풍성하고 행복하며 차원 높은 삶을 살아가길 꿈꾼다면 독서 습관을 꼭 들이라고 하고 싶다. '세 살 버릇 여든까지 간다'라는 말처럼 어떤 습관이든지 어렸을 때 들인 습관은 평생 가기 마련이다. 어린 시절부터 독서 습관을 들인다면 아이는 평생 행복하게 살아갈 수 있을 것이다.

독서 습관이
아이의 인생을 바꾼다

『습관의 힘』에는 '핵심 습관'이라는 용어가 등장한다. 핵심 습관은 개인의 삶에서 연쇄 반응을 일으킬 수 있는 습관을 의미한다. 핵심 습관의 가장 좋은 예는 운동이다. 일주일에 한 번이라도 운동하는 습관이 생기면 삶의 패턴은 획기적으로 바뀌게 된다. 운동을 하면 자연스럽게 음식을 절제하게 되고, 담배를 줄이게 되며, 지구력이 향상된다. 또한 충동을 억제할 수 있는 능력이 생겨 쇼핑 충동 등도 더욱 쉽게 억제된다. 운동이라는 핵심 습관이 연쇄 반응을 일으켜 많은 것들을 좋게 변화시키는 셈이다.

우리 아이들을 획기적으로 바꿀 수 있는 최고의 '핵심 습관'이 있다면 그것은 단연 '독서 습관'일 것이다. 결국 공부도 습관의 결과물이다. 공부를 잘하게 하는 습관이 있는 반면, 공부를 방해하는 습관도 있다.

공부를 잘하게 하는 습관으로는 예습·복습 습관, 자기주도학습 습관, 질문 습관 등과 같이 여러 가지가 있겠지만, 독서 습관만큼 확실하면서도 공부에 크게 영향을 끼치는 습관을 필자는 아직까지 보지 못했다. 그리고 독서 습관은 공부뿐만 아니라 좋은 인성 함양에도 지대한 영향을 끼친다. 좋은 인성은 다른 사람과 더불어 좋은 관계를 맺으면서 인생을 살아갈 수 있게 해준다. 한마디로 독서 습관은 좋은 것을 있는 대로 다 끌어 오는 인생의 자석과 같다.

학부모들은 어떻게 해야 공부를 잘하는 아이로 키울 수 있을지에 대해 자주 질문한다. 이 질문에 대한 답으로 아인슈타인과 관련된 일화 하나를 소개한다.

한 엄마가 물었다.

"어떻게 하면 우리 아이를 당신처럼 위대한 과학자로 키울 수 있을까요?"

아인슈타인은 다음과 같이 답했다.

"아무 생각하지 말고 동화책을 많이 읽히세요."

그러자 또 다른 엄마가 물었다.

"우리 아이한테 동화책을 열심히 읽히고 있는데, 다른 방법은 더 없나요?"

아인슈타인은 이렇게 답했다.

"그래도 아직 읽을 동화책이 많이 있을 테니 더 열심히 읽히세요."

자녀를 위대한 사람으로 키우려면 아인슈타인이 조언한 것처럼 책을 열심히 읽히라고 권면하고 싶다. 책읽기 습관은 당신의 자녀를 위대한 과학자, 정치가, 문학가, 법조인 등으로 키울 수 있는 가장 강력한 '핵심 습관'이기 때문이다.

1학년은 독서 습관을 들이기에 가장 좋은 시기다

필자는 2학년 담임을 꽤 많이 했는데, 그때마다 습관의 중요성을 뼈저리게 느꼈다. 1학년 때 담임선생님이 아이들에게 무엇을 중점적으로 훈련시켰느냐에 따라 2학년 때의 모습이 확연히 달라진다. 정리 정돈 습관을 잘 훈련시킨 선생님 반의 아이들은 정리 정돈에 대해 잔소리할 일이 없다. 글씨 쓰기를 잘 훈련시킨 선생님 반의 아이들은 글씨에 관해 잔소리할 일이 없다.

개인적으로 가장 고맙게 여기는 1학년 선생님은 아이들에게 독서 습관을 잘 길러준 분이다. 독서 습관이 길러졌다는 건 집중력 훈련이 잘되었다는 의미다. 집중력 훈련이 잘된 아이들은 수업 시간에 태도가 좋을 수밖에 없다. 또한 독서 습관이 잘 길러진 아이들은 생각하는 훈련이 잘되어 있다. 생각하는 훈련이 잘된 아이들은 교사가 무엇을 시켜도 상황에 맞는 아이디어를 내서 적극적으로 문제를 해결한다. 그뿐만 아니라 글을 쓸 때도 자신의 생각이 많기 때문에 보다 풍성한 글을 쓸 수 있으며, 발표를 할 때도 친구들과 달리 참신한 생각을 말할 수 있다.

1학년이 끝날 즈음, 아이의 독서 습관이 제대로 길러져 있다면 공부를 잘할 가능성이 높은 아이이다. 하지만 독서 습관이 시원치 않다면 공부와는 악연이 될 확률이 매우 높은 아이이다. 그러므로 자녀가 1학년 때 다른 건 몰라도 일생에서 가장 중요한 습관인 '독서 습관'만큼은 꼭 길러줘야 한다.

지혜로운 부모가
자녀에게 줄 수 있는 가장 큰 선물

———

독서 습관의 형성 정도에 따라 빠르게는 1학년 2학기 때부터 독서 수준의 개인차가 현격히 벌어진다. 독서 습관이 제대로 형성되지 않은 아이들은 여전히 그림책 수준에 머물러 있다. 하지만 독서 습관이 잘 형성된 아이들은 200쪽 이상의 책도 자유롭게 읽고 이해할 수 있는 수준이 된다. 문제는 이렇게 형성된 독서 습관에 의해 향후 독서 활동이 결정된다는 사실이다. 책을 좋아하는 아이는 틈만 나면 책을 읽고, 늘 책과 함께 하려고 한다. 반면에 책을 싫어하는 아이는 좀처럼 책을 가까이하지 않으려고 한다. 학년이 올라갈수록 책읽기의 '빈익빈 부익부貧益貧 富益富' 현상은 점점 심화된다.

　습관은 들이기 나름이다. 습관을 들이기까지는 굉장히 힘들지만 습관이 되면 행동으로 옮기기가 훨씬 수월하다. 독서 습관도 마찬가지이다. 습관을 들이는 과정이 힘들 뿐이지, 그 이후에는 책을 읽지 말라고 해도 아이가 먼저 읽으려고 한다. 부모는 자녀의 독서 습관이 자연스러워질 때까지 최선을 다해 신경을 써주면 그만이다. 모든 습관이 다 그렇듯 나이를 먹을수록 좋은 습관을 들이기는 점점 어려워진다. 나쁜 습관은 부모도 모르는 사이에 들여지지만 좋은 습관은 잘 들여지지 않는다. 아이가 어렸을 때 좋은 습관을 가질 수 있게 도와주는 부모야말로 지혜로운 부모이다. 초등학교 저학년 시기가 지나면 부모의 의지대로 좋은 습관을 심어주고 싶어도 그렇게 하기가 어렵다. 좋은 습관의 형성은 열 살 전에 이뤄져야 한다. 독서 습관이야말로 지혜로운 부모가 자녀에게 선사할 수 있는 가장 큰 선물이다. 아이가 지금 당장은 이 선물의 크기와 가치를 모를 수도 있지만 나중에 커서 분명히 알게 될 것이다. 부모님이 자신에게 정말 크고 귀한 인생의 선물을 주었다는 사실을 말이다.

책 읽는 부모가
책 읽는 아이를 만든다

아이에게 제대로 된 독서 습관을 길러주려면 어떻게 해야 할까? 어떤 습관을 형성하기 위해서 우리는 흔히 방법적인 것을 우선적으로 생각하여 행동을 바꾸려고 한다. 책을 읽지 않는 아이의 손에 자꾸 책을 쥐어주면 독서 습관이 형성될 거라고 생각하는 식이다. 하지만 이것은 일시적인 미봉책에 불과하다. 어떤 습관이 진정한 습관으로 자리 잡기 위해서는 우리의 몸보다는 생각이 먼저 바뀌어야 한다. 생각이 바뀌면 몸은 알아서 바뀌기 마련이다.

'너희의 사고방식에 주의하라. 너희의 삶이 생각에 의해 이루어진다' 는 성경 잠언의 구절처럼 우리의 삶은 우리가 어떻게 생각하는지의 영향을 받는다. 아이의 머릿속이 독서는 정말 중요한 것이며, 꼭 해야 하는 것이라는 생각으로 가득하다면 굳이 부모가 감시를 하지 않아도 아이는 자연스럽게 독서를 하게 될 것이다. 하지만 독서는 시간이 날 때 하는 것이고, 해도 되고 안 해도 되는 것이라고 생각하는 아이는 부모의 감시가 잠시 소홀해지는 순간, 독서를 멀리하게 될 것이다. 그렇다면 아이에게 독서가 정말 중요한 것이라는 생각을 어떻게 심어줄 수 있을까? 생각의 씨앗은 눈과 귀를 통해 들어온다. 아이는 자신이 보고 들은 대로 생각하기 마련이다. 책을 읽지 않는 부모 밑에서 자란 아이는 독서의 중요성을 깨달을 수 없다. 하지만 책을 읽는 부모 밑에서 자란 아이는 무의식중에라도 독서는 꼭 해야 하는 것이며, 정말 중요한 것이라는 생각을 한다. 삶 속에서 부딪치며 가르치면 끝까지 남는 법이다. 부모의 삶을 통해 독서의 중요성을 보여주면 아이의 생각은 충분히 바뀔 수 있다.

2장

아이는
읽는 만큼
성장한다

초등학교 1학년은 약 16년 정도 되는 학창생활의 낙인이 찍히는 시기인 동시에 어휘량의 폭발이 일어나는 시기이기도 하다. 또한 호기심과 상상력이 최고조에 이르는 시기이며, 인생의 핵심 습관인 독서 습관을 만들어가는 시기이기도 하다. 각각 다른 이야기를 한 것처럼 느껴지지만, 사실 같은 이야기를 한 것이나 다름없다. 결국 책읽기가 중요하다는 이야기다. 꾸준히 책읽기를 하면 1학년 때 발생할 수 있는 문제들을 쉽게 해결할 수 있다. 책읽기가 왜 그리고 얼마나 중요하기에 1학년의 많은 문제들을 해결할 수 있는 것일까? 2장에서는 책읽기의 중요성에 대해 한 가지씩 구체적으로 짚어가며 언급하고자 한다.

읽기 독립 만세

예부터 학습의 기본 요소로는 3R이 있었다. 바로 읽기(Reading), 쓰기(wRiting), 셈하기(aRithmetic)가 그것이다. 이는 지금까지 변하지 않았으며, 앞으로도 변하지 않을 것이다. 누군가 필자에게 이 세 가지 중에서 가장 중요한 하나를 꼽으라고 한다면 당연히 '읽기'를 선택할 것이다. 읽기가 잘되면 쓰기는 말할 것도 없고 셈하기 역시 어느 정도 가능해진다. 하지만 읽기를 잘하지 않고서는 절대로 쓰기나 셈하기를 잘할 수 없다.

특히 아이가 초등학교에 입학하면 읽기는 정말 중요해진다. 1학년이 되면서 획기적으로 변하는 것이 한 가지 있다면, 바로 '듣기' 위주에서 '읽기' 위주로 삶이 전환된다는 점이다. 초등학교 입학 전의 아이들은 엄마와 아빠의 말을 듣고 친구들과 놀면서 음성 언어 위주로 의사소통을 한다. 하지만 입학 후의 아이들은 공부라는 것을 시작하면서 수많은 지식을 읽고 받아들이는 데 많은 시간을 할애한다. 읽기가 한없이 중요해지는 것이다. 이 과정에서 어떤 아이는 듣기에서 읽기로 무리 없이 생활과 사고를 전환시킨다. 하지만 어떤 아이는 상당한 충격에 휩싸여 잘 적응하지 못하다가 1학년을 허송세월로 흘려보내기도 한다. 아이가 듣기 중심의 생활에서 읽기 중심의 삶으로 자연스럽게 넘어가려면 부모의 도움이 절대적으로 필요하다.

읽기 독립이 한글 떼기보다
더 중요한 이유

———

아이가 5살 정도 되면 자의반 타의반으로 부모들이 한글 떼기에 관심을 갖는다. 주변의 또래 아이들이 하나둘씩 한글을 뗐다고 하면 부모의 마음은 조급해지기 시작한다. 하지만 아이마다 걸음마를 떼는 시기가 모두 다르듯 한글을 떼는 시기도 모두 다르다. 안절부절못할 필요가 없다. 자녀가 초등학교 입학을 앞두고 있다면 한글을 뗐느냐 안 뗐느냐 보다는 '읽기 독립'을 했느냐 안 했느냐가 훨씬 더 중요하다.

읽기 독립은 한글을 뗀 다음, 누군가 책을 읽어주지 않더라도 스스로 책을 읽는 걸 의미한다. 읽기 독립은 한글 떼기와는 다른 개념이다. 몇몇 아이들은 한글의 낱글자뿐만 아니라 통글자를 거의 다 아는데도 스스로 책을 읽지 않으려고 하거나 못 읽는다. 이런 아이들은 한글을 떼긴 했지만 읽기 독립은 미처 이루어지지 않은 상태라고 할 수 있다. 읽기 독립을 하지 못한 아이들은 한글을 알긴 하지만 스스로 책을 읽지는 못한다. 엄마가 책을 읽어주는 것이 좋아서 그런 게 아니라 책에 대한 두려움이 있기 때문이다. 이런 현상은 마치 영어 단어를 충분히 많이 알고 있는데도 영어 원서를 보면 주눅이 들어 잘 읽지 못하는 경우와 흡사하다.

입학하기 전에 읽기 독립이 이루어진 아이와 그렇지 않은 아이는 상당히 차이가 난다. 아이가 학교에 들어가면 교과서로 공부를 하는데, 요즘 교과서의 두께는 보통 200쪽 이상이다. 읽기 독립이 이루어지지 않은 아이가 이런 교과서를 접하면 더욱 주눅이 들기 쉽다. 그리고 교사들이 여유 시간이 날 때마다 가장 많이 시키는 활동 가운데 하나가 바로 책읽기이다. 이때 읽기 독립이 안 된 아이들은 시간을 그냥 흘려보낼 수밖에 없다. 그러면서 읽기 독립을 한 아이와 그렇지 않은 아이의 격차가 점점 더 벌어진다. 자녀가 초등학교 입학을 앞두고 있다면 다른 무엇보다 자녀의 읽기 독립 여부를 따져야 하는 까닭이다.

책읽기에도
이유기離乳期가 필요하다

읽기 독립은 어린아이가 엄마 젖을 떼고 스스로 밥을 먹는 과정에 비유할 수 있다. 아이가 글자를 모를 때는 부모가 책을 읽어준다. 그러다가 아이는 점점 많은 글자를 알게 되고, 어느 순간 스스로 책을 읽는다. 아이가 젖을 떼는 과정과 읽기 독립을 비교해 살펴보면 읽기 독립을 훨씬 더 쉽게 이해할 수 있다. 아이는 엄마 젖을 뗄 즈음에 이유식離乳食을 먹기 시작한다. 본격적으로 음식을 먹기 전에 소화가 잘 되는 죽이나 과일 등으로 소화 기관을 준비시키기 위해서다. 이유식 과정이 모든 아이들에게 꼭 필요한 것은 아니지만, 아이에 따라 젖을 먹다가 어른들의 음식으로 급격히 넘어갈 때 문제가 발생할 수도 있기 때문에 충격 완화를 위해 대부분 이유식을 한다. 이처럼 어린아이가 음식 독립을 하려면 이유식이 필요하듯이, 아이가 읽기 독립을 하려면 이유식처럼 특별한 독서 기간이 필요하다. 거의 대부분의 이유식은 소화가 아주 잘 되는 음식이다. 책읽기도 똑같다. 독서 이유기에는 읽기 쉬운 책이 필요하다. 아이가 한글을 뗐다고 해서 어려운 책을 읽게 하는 건 아이에게 엄마 젖을 뗀 다음에 바로 밥을 주는 것이나 다름없다. 따라서 독서 이유기에는 아이에게 글밥이 많지 않은 그림 동화책을 주는 게 가장 좋다. 아주 쉬우면서도 아이가 일상에서 접하는 어휘가 나오는 책이라면 금상첨화다. 하지만 어려운 받침의 낱말이 나오는 책은 되도록 피해야 한다. 그런 면에서 '받침 없는 동화' 시리즈는 받침이 없는 어휘로만 내용이 쓰여 있어 독서 이유기에 추천할 만한 책이다. 다음은 독서 이유기에 읽으면 좋은 책 리스트이다.

도서명	저자	출판사
『언제까지나 너를 사랑해』	로버트 먼치	북뱅크
『달님 안녕』	하야시 아키코	한림
『누가 내 머리에 똥 썼어?』	베르너 홀츠바르트	사계절
『구름빵』	백희나	한솔수북
『우리 아빠가 최고야』	앤서니 브라운	킨더랜드
『사과가 쿵!』	다다 히로시	보림
『무지개 물고기』	마르쿠스 피스터	시공주니어
『괜찮아』	최숙희	웅진주니어
『입이 큰 개구리』	키스 포크너	미세기
『아씨방 일곱 동무』	이영경	비룡소
'받침 없는 동화' 시리즈	한규호	받침없는동화

아이의 건강을 위해 이유식이 필요하듯이 아이의 올바른 책읽기를 위해서는 독서 이유기가 필요하다. 아이마다 다르겠지만 대부분 한글을 뗀 후 읽기 독립을 할 때까지 6개월 정도의 기간이면 독서 이유기로 충분하다. 이유식 기간이 너무 짧거나 길면 좋지 않듯이 독서 이유 기간도 너무 짧거나 길면 매한가지로 좋지 않다. 너무 짧으면 책에 대한 두려움을 미처 극복하지 못할 수 있고, 너무 길면 쉬운 책만 읽으려고 하는 폐단이 생길 수 있다.

읽기 독립을 위해
부모가 해야 할 일

———

아이의 읽기 독립 시기로 과연 언제가 좋을 지 고민하는 부모들이 있다. 하지만 읽기 독립의 시기는 아이마다 매우 달라서 정확히 콕 집어 이야기하기가 어렵다. 아이가 낱글자와 통글자를 모두 읽을 수 있을 정도의 수준이 되면 대체로 읽기 독립을 할 시기라고 보면 된다. 보통 한글을 배운 지 6개월 정도가 지나면 자연스럽게 혼자 책을 읽으려고 하는데, 이때가 읽기 독립의 적기라고 할 수 있다.

그렇다면 아이가 읽기 독립을 할 때 어떤 책으로 시작하면 좋을까? 무조건 쉬운 책으로 시작하면 좋다. 아이가 생각하기에도 너무 쉽다고 느낄 정도의 책이면 된다. 여기서 가장 중요한 건 이 과정을 통해 아이가 책에 대한 두려움을 극복하는 것이다. 다음은 읽기 독립을 시작할 때 읽으면 좋은 책 리스트이다.

도서명	저자	출판사
『개구쟁이 ㄱㄴㄷ』	이억배	사계절
『기차 ㄱㄴㄷ』	박은영	비룡소
『심심해서 그랬어』	윤구병	보리
『유치원에 가기 싫어!』	하세가와 요시후미	살림어린이
『안 돼, 데이빗!』	데이빗 섀논	지경사
『지각대장 존』	존 버닝햄	비룡소

『우리 엄마』	앤서니 브라운	웅진주니어
『행복한 청소부』	모니카 페트	풀빛

아이가 읽기 독립을 하는 과정에서 부모가 주의해야 할 점이 있다. 이때 부모가 저지르기 쉬운 가장 큰 실수는 바로 책 읽어주기를 멈추는 것이다. 아이가 스스로 책을 읽기 시작하면 어떤 부모는 드디어 책 읽어주기에서 해방되었다고 마냥 좋아한다. 하지만 읽기 독립과 책 읽어주기는 별개의 문제다. 가능하면 초등학교를 졸업할 때까지는 자녀에게 책을 읽어주는 게 좋다. 아이가 스스로 책을 읽을 때와 부모와 함께 읽을 때의 느낌이 다르기 때문이다. 그리고 아이에게 읽기 독립을 시킨답시고 시간을 정해서 책을 읽히거나 반드시 하루에 몇 권 읽어야 한다는 식의 목표를 세우는 경우가 있는데, 이 역시 주의해야 한다. 이제 막 본격적으로 책읽기 레이스에 들어서려는 아이에게 지나치게 무거운 짐만 될 뿐이다. 엄마의 속도가 아닌 아이의 속도에 맞추는 것이 무엇보다 중요하다. 더불어 아이가 책을 읽을 때 틀렸다고 지적하는 행위도 부모가 꼭 삼가야 할 항목이다.

아이가 장난감을 가지고 놀다가 책장 앞에 앉아 책을 읽기 시작한다면 진정한 읽기 독립에 들어섰다고 볼 수 있다. 읽기 독립은 아이가 스스로 책을 읽기 시작해 책읽기가 아이 삶의 일부가 된다는 뜻이기도 하다. 초등학교 입학 전에 책읽기를 이미 삶의 일부로 삼은 아이와 그렇지 않은 아이는 당연히 출발선이 다를 수밖에 없다.

책만 제대로 읽어도
공부 우등생

부모들 중에는 받아쓰기나 수학 시험에서 몇 점을 받았는지 눈에 보이는 성적에 집착하는 분들이 있다. 이런 분들을 보면 조금 안쓰럽다는 생각이 든다. 점수에 눈이 멀어 정작 중요한 걸 놓치고 있기 때문이다.

거대한 빙산의 90퍼센트 이상은 물속에 있다. 실제로 사람 눈에 보이는 건 일부분에 불과하다. 눈에 보이지 않는 곳에 더 큰 실체가 있음을 알아야 한다. 성적도 마찬가지이다. 눈에 보이는 성적은 정말 작은 부분이다. 사실 실제 성적으로 드러나지 않는 부분이 훨씬 더 엄청나고 거대하다. 하지만 이 부분은 잘 보이지 않기 때문에 많은 사람들이 간과한다.

가장 중요한 건 눈에 보이지 않는 실력이다. 수면 아래 숨겨진 빙산과 같이 시험 점수로는 잘 드러나지 않는 것이 있는데, 바로 습관이다. 어떤 습관을 지녔느냐에 따라 인생의 성패가 갈릴 수도 있다. 여러 가지 습관 가운데 공부에 직접적인 영향을 끼치는 습관이 있다면 그건 '독서 습관'일 것이다.

학년이 올라갈수록 공부에 두각을 나타내는 아이들은 하나같이 독서 습관을 잘 들인 아이들이다. 저학년 때는 잘 드러나지 않다가 고학년이 되면 드디어 독서 습관의 거대한 실체가 드러난다. 만약 자녀가 별로 책을 읽지 않는데도 지금 당장의 성적이 잘 나온다고 해서 안심하긴 이르다. 독서 습관이라는 거대한 실체를 숨긴 채 다가오는 아이에게 머지않아 추월을 당할 테니 말이다. 독서 습관을 우습게 보다가 큰코다치는 수가 있다.

외계어로 가득한 교과서

초등학교 1학년 교과서를 처음 접하는 대부분의 부모들은 꽤나 당황한다. 책 두께가 만만치 않기 때문이다. 과장을 조금 보태 여성 잡지만큼이나 두꺼운 걸 보고는 깜짝 놀란다. 겨우 1학년 책이 어떻게 200쪽이 넘는지 이해하기 어렵다. 국어 교과서를 펼쳐보면 이 책이 교과서인지 이야기책인지 분간이 안 갈 정도이다. 수학 교과서를 보면 더 할 말을 잃는다. 수학책이 아니라 국어책이라고 해야 할 만큼 글이 많다. 독서 습관이 제대로 형성된 아이들에게는 교과서가 아무리 두꺼워도 별 문제가 되지 않는다. 하지만 독서 습관이 형성되지 않은 아이들은 교과서를 읽는 것조차 버겁다. 계속 교과서를 읽는데도 무슨 소리인지 잘 모르겠다. 교과서가 아니라 마치 외계어로 쓰인 책처럼 느껴진다.

1, 2학년 교과서가 너무 두꺼워지다 보니 웃지 못할 일도 많이 생긴다. 1학년 입학식 때 교과서를 나누어줬는데 다음 날 한 엄마가 담임교사에게 전화를 해서 이렇게 말한다.

"선생님, 이번에 2학기 교과서까지 같이 나눠주셨나요? 국어책이 '가'와 '나' 두 권이던데요?"

"아니요. 두 권 다 1학기 때 배웁니다."

"정말요? 그럼 '국어활동' 책까지 세 권이던데 이걸 모두 한 학기에 배우나요? 우리 애는 아직 한글도 제대로 못 뗐는데 어떡하죠?"

이런 비슷한 상황은 심심치 않게 일어난다. 교과서가 생각 외로 너무 두껍다 보니 빚어지는 일이다. 국어 교과서(한 학기 두 권)는 300쪽에 육박하며, 보조 교과서인 국어활동 교과서(한 학기 한 권)도 상황은 비슷하다. 이들을 합치면 국어 교과에서만 한 학기 동안 배워야 할 분량이 400쪽에 달한다. 부모들은 교과서에 자신들이 학교 다닐 때 배웠던 '나, 너, 우리, 철수야 가자, 영희야 가자'와 같은 내용이 들어 있을 거라고 생각한다. 하지만 그때로부터 교과서가 달라져도 너무 달라졌으니 부모들이 아이들보다 먼저 충격을 받는 것이다.

요즘 아이들은 달라진 교과서를 잘 배우기 위해서라도 읽기 능력을 필수로 갖춰야 한다. 하지만 교과서만 달달 외운다고 해서 좋은 점수를 받을 수 있는 시대는 이미 지나갔다. 사실 교과서가 너무 두꺼워져서 외우는 것조차 힘들다. 그렇기 때문에 교과목 외의 독서, 즉 과외 독서(Side Reading)를 잘해야 좋은 성적을 받을 수 있다. 과외 독서를 하면 시야가 넓어지고 어휘가 풍부해지며 이해력이 향상된다. 그러면서 자연스럽게 교과목에 대한 이해도 풍성해지고 깊어질 수 있는 것이다. 그런데 독서 습관이 제대로 형성되지 않은 아이들은 과외 독서는 둘째치고 교과서 하나만 읽기도 벅차니, 애당초 공부와는 인연을 맺기 어렵다고 할 수 있다.

내 아이는 독서 부진아일까

과연 내 아이의 독서 습관은 잘 형성된 것일까? 다음 항목들을 한번 체크해보자.

내용	예	아니오
글자나 낱말을 바꿔 읽는다		
읽은 낱말을 잘 기억하지 못한다		
단어 단위로 끊어 읽지 못하고 낱자로 끊어 읽는다		
책을 읽을 때 집중 시간이 10분도 채 되지 않는다		
읽기 속도가 지나치게 느리고 더듬거리며 읽는다		
낱말이나 구 등을 생략하면서 읽는다		

읽은 내용을 잘 기억하지 못한다		
읽은 내용의 순서를 이해하는 능력이 부족하다		
줄글로 된 책보다는 만화책을 더 읽으려고 한다		
지나치게 활동적이고 충동적이다		

　7개 이상 '예'라고 대답했다면 자녀의 독서 부진을 의심해보아야 한다. 독서 부진의 가장 큰 원인은 책을 많이 읽지 않는 데 있다. 물론 간혹 책을 많이 읽는데도 불구하고 잘못 읽어서 문제가 발생하기도 하지만, 이런 경우는 매우 이례적이다. 독서 부진아들의 가장 큰 문제점은 악순환이 계속된다는 것이다. 읽질 않으니 생각하지도 않고, 생각하질 않으니 읽어도 당최 무슨 말인지 모르겠는 악순환이 이어진다. 그러면서 점점 더 책을 기피하는 건 간과할 수 없는 사실이 된다. 특히 줄글로 된 책을 기피하면 문제가 더 커진다. 학교 교육에 적응하지 못하고 도태되기 때문이다. 학교에서 배우는 대부분의 교과서나 학습 자료 등은 거의 줄글로 구성되어 있다. 독서 부진으로 인해 읽기 능력을 제대로 습득하지 못한다면 학교생활의 시작부터 난관에 봉착하게 되는 것이다.

부모가 먼저 챙기는
아이의 독서 습관

초등학교 입학 전에 독서 습관이 잘 잡히지 않은 아이를 둔 부모들 중에는 '그래도 입학하면 나아지지 않을까?'라고 생각하는 부모들이 있다. 물론 부모의 바람처럼 그렇게 되는 아이도 있지만, 그렇지 않은 경우가 훨씬 더 많다. 독서도 엄연한 하나의 습관이기 때문이다.

1학년 아이들 중에는 점심시간에 젓가락질은 고사하고 숟가락질도 제대로 못하는 아이들이 있다. 젓가락질과 숟가락질이 원활하질 않으니 점심을 다 먹기엔 주어진 한 시간도 턱없이 부족하다. 반면에 어떤 아이들은 아주 익숙하게 잘한다. 왜 그런 것일까? 바로 습관의 차이다. 입학 전에 젓가락질하는 습관을 들인 아이들은 학교에 와서도 젓가락질을 잘한다. 이런 아이들은 젓가락질이 하나도 힘들거나 불편하지 않다. 하지만 그렇지 않은 아이들은 젓가락질을 할 때만큼 고역이 없는 것이다.

책읽기도 마찬가지이다. 습관이 되면 그만큼 쉬운 게 없다. 이러한 습관은 초등학교 입학 전에 가정에서부터 형성시켜야 한다. 입학하면 선생님이 어련히 알아서 잘 챙겨주시겠지 하는 마음은 좀 위험하다. 이는 마치 젓가락질 못하는 우리 아이에게 '선생님이 알아서 젓가락질 습관을 들여주시겠지' 하고 생각하는 것과 비슷하다. 솔직히 선생님은 교과목만 가르치기에도 벅차다. 독서에 대한 관심이 지대하지 않은 이상 따로 시간을 내서 독서를 지도하는 교사는 찾아보기 힘들다. '좋은 선생님을 만나서 우리 아이의 독서 습관이 바로 잡히겠지'라고 기대하기엔 그 가능성이 다소 희박하다. 독서 습관은 부모가 반드시 챙겨야 한다. 독서 습관이 잘 형성된 아이라도 학교에 들어가면 교과 공부를 하느라 자칫 독서 습관이 흐트러질 수도 있다. 따라서 부모는 아이의 독서 습관이 잘 유지될 수 있도록 끊임없이 관심을 가져야 한다. 더불어 책읽기에 대한 흥미를 잃지 않도록 다각적으로 고민할 필요가 있다.

03

1학년 공부,
책읽기로 해결하라

초등학교와 유치원의 가장 큰 차이점 중 하나는 바로 시험의 유무다. 물론 초등학교 1학년의 경우 고학년처럼 중간고사나 기말고사를 보진 않지만, 대부분은 받아쓰기나 단원 평가 등의 시험을 본다. 시험은 결과가 나오기 때문에 스트레스의 원인이 된다. 부모들은 시험 결과를 통해 자녀의 실력을 가늠하며 때로는 우월감에, 때로는 초조감에 빠져든다.

아이들도 처음에는 아무 생각 없이 시험을 보다가 부모의 반응을 관찰하며 점점 결과에 집착하기 시작한다. 그러면서 스스로를 '공부 잘하는 아이' 혹은 '공부 못하는 아이'로 규정해버린다. 또 다른 모습의 낙인찍기가 펼쳐지는 것이다. 공부를 잘한다는 건 좁혀서 생각하면 시험을 잘 본다는 말의 동의어가 아닐까? 각 과목의 시험 문제를 살펴보면 어떻게 대비하고 공부해야 할지 어느 정도 답이 나온다.

국어, 정해진 시간에
긴 글을 읽는 능력
———

많은 부모들은 영어나 수학과는 달리 국어를 쉽게 생각한다. 하지만 이는 우리가 항상 사용하는 말이라 익숙해서 그럴 뿐이지 국어가 호락호락한 과목이라서 그런 건 아니다. 사실 수학보다 100점이 더 안 나오는 과목이 바로 국어다. 국어를 못하는 아이는 그 어떤 과목도 잘할 수가 없다. 모든 과목은 기본적으로 교과서 내용을 읽고 이해를 해야 한다. 하지만 국어를 못하는 아이들은 어휘력이나 이해력이 부족하기 때문에 공부를 잘할 수가 없는 것이다. 국어 시험의 가장 큰 특징은 지문의 내용을 제대로 이해했느냐를 묻는 문제가 대부분이라는 것이다. 예전과 요즘의 국어 시험 문제는 지문의 길이에서 현격히 차이가 난다. 1학년 시험 문제라고 해도 지문의 길이는 결코 짧지 않다. 다음 쪽에 나오는 실제 초등학교 1학년 국어 시험 문제를 살펴보면 이를 잘 확인할 수 있다.

어떤 부모들은 다음 쪽에 나온 시험 문제를 보며 1학년한테 너무 어렵다고 생각을 할지도 모른다. 하지만 이는 엄연한 현실이다. 2학년이 되면 지문의 길이는 당연히 이보다 더 길어진다. 평소 꾸준히 책을 읽지 않은 아이들은 시험지를 받으면 탄식부터 한다. 읽기 능력이 제대로 갖춰지지 않은 아이는 지문만 읽다가 시험 시간을 다 흘려보낸다. 왜 그토록 책읽기에 매달려야 하는지 국어 시험 문제에서 그 이유를 쉽게 발견할 수 있다.

1학년 1학기	1학년 2학기
※ 다음 글을 읽고, 물음에 답하시오. 다음 날, 아빠가 집에서 기르는 달팽이를 구해 오셨어요. "아빠, 달팽이가 꼼짝도 안 해요. 작은 돌멩이 같아요." "달팽이는 놀라면 껍데기 속으로 숨는단다. 얼른 달팽이 집을 만들어주어야겠어." 아빠는 플라스틱 통으로 달팽이 집을 만들어주셨어요. (문제) 위 글을 읽고 알맞은 단어를 써넣어 문장을 완성하시오. 아빠가 구해 온 달팽이는 놀라서 껍데기 속에 숨어 꼼짝도 안 하는 ( ) 같았다.	※ 다음 글을 읽고, 물음에 답하시오. "그럼 누가 힘이 더 센지 내기해 보자." 그때 마침 한 나그네가 길을 가고 있었습니다. 바람과 해님은 누가 나그네의 외투를 벗기는지 내기를 하였습니다. "내가 바람을 세게 불면 외투가 벗겨질 거야. 후우." 바람이 세게 불자, 나그네는 외투가 벗겨지지 않도록 더욱 옷을 꽉 잡았습니다. 그러자 해님이 웃으며 말하였습니다. "내가 햇살을 따뜻하게 비추면 나그네가 외투를 벗을 거야." 해님이 햇살을 비추자, 나그네의 이마에 땀이 송골송골 맺혔습니다. 나그네는 단단히 잡고 있던 외투를 벗었습니다. (문제) 다음 중 이 글과 내용이 다른 것은 무엇입니까?.....................................( ) ① 바람과 해님이 누가 힘센지 내기를 하고 있습니다. ② 내기의 내용은 '나그네의 외투를 누가 먼저 벗기느냐'입니다. ③ 바람이 세게 불자 나그네의 옷이 벗겨졌습니다. ④ 해님이 햇살을 비추자 나그네가 옷을 벗었습니다.

수학, 문장을 제대로
이해하는 능력

초등학교 저학년 아이들이 가장 많이 다니는 학원은 영어 학원이지만, 고학년이 되면 가장 많이 다니는 학원이 수학 학원으로 바뀐다. 중·고등학생들이 가장 많이 다니는 학원도 수학 학원이다. 이처럼 수학은 학년이 올라갈수록 아이들을 괴롭히는 과목이다. 다음은 초등학교 1학년 수학 문제의 세 가지 유형이다.

단순 연산 문제	그림 문제	서술형 문제
3+4= □	 3+4= □	어항 속에 금붕어가 3마리 있습니다. 오늘 아버지께서 수족관에서 금붕어 4마리를 더 사 오셨습니다. 금붕어는 모두 몇 마리입니까?

　같은 내용이라도 어떤 유형으로 묻느냐에 따라 아이들의 반응은 천차만별이다. 아이들이 가장 어려워하면서 가장 오답률이 높은 유형은 바로 서술형 문제이다. 아이들이 서술형 문제를 어려워하는 까닭은 단순 연산 문제나 그림 문제보다 해결할 때 더 높은 이해력을 필요로 하기 때문이다. 이해력이 부족한 아이들은 엉뚱한 이야기만 한다.

　"선생님! 물고기 밥을 사야 하는데요?"

　"선생님! 수족관이 뭐예요?"

"저는 금붕어보다 열대어가 더 좋은데요?"

"이마트에서 사왔어요? 홈플러스에서 사왔어요?"

이런 질문들은 문제 해결과는 전혀 관계가 없다. 아이들이 이런 질문을 쏟아내는 이유는 간단하다. 문제를 이해하지 못했기 때문이다. 문제 해결을 위해 어떤 정보가 중요한지 그리고 중요하지 않은지를 구별할 줄 모른다. 아이가 서술형 문제를 잘 풀게 하려면 어떻게 해야 할까? 수학 학원에 보내야만 하는 것일까? 만약 이해력이 떨어져 수학을 못하는 아이를 학원에 보낸다면 사태는 더욱 악화된다. 수학 학원 때문에 시간을 뺏긴 아이는 책 읽을 시간이 부족해져 책읽기를 더 멀리하게 된다. 그러면 이해력은 더 떨어진다. 수학 학원에서는 기본 개념과 문제 푸는 요령만 가르쳐줄 뿐, 이해력을 키워주진 못한다. 끊임없는 책읽기만이 이해력 향상의 열쇠가 될 수 있다.

통합, 생각을 정확하게 표현하는 능력

교육 과정의 개정으로 과거 '슬기로운 생활', '바른 생활', '즐거운 생활'은 '통합'이라는 교과목으로 명칭이 변경되었다. 통합 교과의 내용은 대부분 활동 위주이기 때문에 지필 평가가 거의 없다. 하지만 '바른 생활'에 해당하는 내용만큼은 시험을 보기도 한다. 다음은 통합 교과의 실제 시험 문제이다.

(문제1) 교실 사물함 모습이 다음과 같을 때 불편한 점을 한 가지 쓰시오.	(문제2) 음식점에서 다음과 같이 행동하는 친구가 있다면, 어떤 말을 해줄지 써보시오.

통합 교과의 시험 문제는 예시처럼 대부분 자신의 생각을 쓰는 유형이 많다. 어른들의 시각으로 보면 이런 문제는 너무 쉽게 느껴진다. 하지만 아이들의 답변을 보면 정말 기상천외하다.

문제1 답변	문제2 답변
선생님한테 혼난다. 남이 내 물건 손댄다. 문에 거시기가 부디쳐 아프다.	너 그러케 뛰어다니면 숨마켜. 너 참 잘 된다.

내 아이가 아니라면 웃어넘기겠지만, 내 아이가 이런 대답을 하면 뚜껑이 열리는 법이다. 왜 아이들은 이렇게 엉뚱한 답변을 하는 것일까? 문제에서 무엇을 묻는지 이해하지 못했을 뿐만 아니라 어떻게 표현해

야 할지 모르기 때문이다. 이런 문제를 풀 때는 문제를 이해하는 능력도 필요하지만 자기 생각을 잘 나타내는 표현력도 그에 못지않게 필요하다. 이해력과 표현력이 부족한 아이들은 문제를 풀 수도 없고, 푼다고 해도 이상한 답변만 내놓는다. 문제집만 주구장창 많이 푼다고 해서 결코 해결할 수 있는 문제가 아니다. 진정으로 이런 문제를 해결하려면 되도록 책을 많이 읽고 자신의 생각을 자꾸 적어보는 것 외에는 마땅한 대안이 없다.

04

차라리
책을 한 권 더 읽혀라

아이를 초등학교에 입학시킨 후 대부분의 부모가 맞닥뜨리는 문제는 바로 선행 학습이다. 특히 수학 과목의 선행 학습이 이른바 뜨거운 감자다. 내 아이는 여전히 1학년 수학에서 헤매고 있는데, 다른 아이가 벌써 2학년 또는 3학년 수학을 공부한다는 이야기를 들으면 불안감이 엄습한다. 이 감정을 해소하기 위해 부모는 학원 정보 수집에 나서고, 결국 1학년 때부터 아이를 수학 학원으로 내몬다. 하지만 다른 사람한테 휩쓸려 시작하는 선행 학습의 결말은 당연히 좋지 않다. 이미 시작한 이유부터가 아이의 실력 향상이 아닌 부모의 불안감 해소이기 때문이다. 이런 식의 선행 학습은 아이가 수학을 싫어하고 지겨워하게 되는 지름길로 작용한다. 아이가 어리다면 반드시 다른 방법을 생각해봐야 한다.

아이의 호기심,
죽일 것인가 살릴 것인가

선행 학습의 가장 큰 해악을 꼽으라면 아이가 결과 중심의 지식을 습득하게 돼 지적 호기심이 사라진다는 것이다. 특히 수학은 결과를 알면 더 이상 과정에 집중하지 않는다. 처음 배울 때 잘 배우면 그나마 다행이지만, 요즘 대부분의 학원에서는 과정 중심으로 가르치지 않는다. 그렇게 가르치면 시간이 오래 걸리기 때문이다. 과정을 중심으로 배워야 활동도 충분히 해보고 이유도 세세히 따져가며 수학을 제대로 배울 수 있는데, 현실은 전혀 그렇지 않다. 학원에서는 빨리 진도를 나가기 위해 결과 중심으로 가르치고, 학교에서는 과정 중심으로 가르치고 싶어도 이미 결과를 다 알고 있는 아이들 때문에 그렇게 가르칠 수 없다. 악순환이 반복되는 것이다. 이렇듯 선행 학습은 결과 중심의 지식을 습득하는 데만 치중하므로 지식이 쌓이면 쌓일수록 아이의 호기심이 점점 죽어가는 이상한 상황이 벌어진다. 원래 지식은 쌓으면 쌓을수록 보다 더 큰 지식을 소유하고 싶은 마음이 간절해져야 정상이다. 그런데 대부분의 아이들이 거꾸로다. 잘못된 선행 학습이 아이의 호기심을 다 앗아갔기 때문이다.

그런 면에서 책읽기를 통한 지식의 습득은 다분히 과정 중심이라고 할 수 있다. 과정 중심으로 지식을 습득하면 뭔가를 알고 배우는 게 즐거워지고, 지식에 대한 이해의 깊이도 남달라진다. 예를 들어 1학년 아이들은 수학 시간에 시계 보기를 배운다. 아이들이 교과서를 통해 배우는 건 시계를 보면서 몇 시인지, 몇 시 몇 분인지 시간을 읽는 것이다. 결과 중심의 지식 습득은 여기에서 멈춘다. 하지만 이때 시계나 시간과 관련된 책을 읽게 되면 더 많은 지식 습득은 물론, 그 과정에서 얻게 되는 즐거움을 만끽할 수 있다. 수학에 대한 호기심을 더 키울 수 있는 건 두말하면 잔소리다. 1학년 아이들에게 시계 보기를 가르칠 때 평소 수학 시간에는 별로 흥미 없어 하던 한 아이가 적극적으로 수업에 참여하는 걸 본 적이 있다. 새삼스레 신기해서 이유를 알아보니, 그 아이가 『쉿! 신데렐라는 시계를 못 본대』라는 책을 몇 번 반복해서 읽은 것이었다. 이 책은 밤 12시 전에 무도회에서 꼭 돌아와야만 하는 신데렐라가 시계를 볼 줄 모른다는 재미있는 설정을 통해 시계 보기를 익히는 수학 동화책이다. 이런 책을 미리 읽고 나서 수학 교과서 내용을 배우면 그 시간은 당연히 재미있을 수밖에 없다.

겉만 번지르르한 100점보다
속이 꽉 찬 90점이 낫다

———

아이가 시험에서 100점을 받으면 부모는 아이가 당연히 시험 본 내용을 모두 안다고 생각한다. 그리고 90점 받은 아이보다 더 많이 안다고 생각한다. 하지만 그렇지 않을 수도 있다. 100점 받은 아이가 90점 받은 아이보다 오히려 훨씬 더 모를 수 있다는 이야기다.

결과 중심의 지식은 그 자체만으로 아이의 실력이 어느 정도인지 가늘하기 힘들다. 예를 들어 한 아이가 '태양계'라는 말을 알고, 이와 관련된 시험 문제를 맞혔다고 해보자. 그러면 '태양계'라는 결과적 지식을 제대로 안다고 할 수 있을까? 충분히 그렇지 않을 수 있다. 똑같이 결과적 지식을 안다 하더라도 그 지식의 습득 과정과 배경지식의 양에 따라 이해의 정도에는 엄청난 차이가 있을 수 있다. 한마디로 교과서 지식을 외워서 문제를 맞힌 아이와 책읽기를 통해 문제를 맞힌 아이 사이에는 아주 커다란 차이가 존재한다는 것이다.

> 태양계에는 무엇이 있을까? 수성, 금성, 지구, 화성, 목성, 토성, 천왕성, 해왕성이 있지. 태양은 6,000도가 넘을 만큼 아주 뜨거워서 내가 태양에 가면 순식간에 통닭구이가 될 것 같아. 수성은 아침에는 뜨겁고 밤에는 추운데, 거기에는 물이 없어. 내가 수성에 가면 너무 더워서 아침에는 수영을 하고 싶을 것 같고, 밤에는 손난로를 녹여야 해서 너무 힘이 들 것 같아. 금성은 태양보다는 뜨겁지 않지만 무려 450도가 넘어. 내가 금성에 가면 아마 난 숯불구이가 될 것 같아. 나는 태양계 여행을 가고 싶지만, 지금 내가 살고 있는 이 지구가 제일 마음에 들어.

위의 글은 1학년 여자아이가 『태양계 여행 안내서』라는 책을 읽고 쓴 글이다. 이 아이는 아직 1학년에 불과하지만 태양계에 대한 이해 정도는 태양계에 대해 본격적으로 배우는 5학년 아이보다 뛰어나다. 단순히 '태양계'라는 말의 뜻 정도만 알고 시험 문제를 맞힌 아이와 윗글을 쓴 아이가 아는 태양계의 의미는 완전히 다를 수 있다.

선행 학습을 하면 단시간 내에 결과 중심의 지식을 많이 습득해서 반짝 효과 정도는 볼 수 있을지도 모른다. 하지만 이런 현상은 일시적인 착시에 불과하며 진정한 실력이 아니다. 다양한 독서를 통해 쌓아가는 지식만이 시험으로도 평가하기 힘든 진정한 실력이 될 수 있다. 지혜로운 부모라면 눈앞에 보이는 성적에 연연하기보다 눈에 보이지 않는 실력에 주목해야 한다.

수학을 위한
결정적 책읽기

———

최근 이름조차 생소한 '스토리텔링 수학'이 인기다. 스토리텔링 수학이란 동화, 역사적 사실, 생활 속 상황 등과 같은 이야기를 활용해 수학 문제를 제시하거나 해결하는 교육 방법이다. 스토리텔링 수학은 아이들에게 수학을 쉽고 재미있게 가르친다는 취지로 2013년부터 본격적으로 도입되었다. 대부분의 아이들은 수학이 어렵고 딱딱하며 재미없다고 생각한다. 하지만 스토리텔링 수학이 이런 생각을 불식시킬 수 있다. 실제로 1학년 1학기 수학 4단원 '비교하기'를 살펴보면, 동물원에서 볼 수 있는 풍경을 보면서 길이, 무게, 넓이, 양 등을 비교하는 내용을 배운다. 원숭이 꼬리를 비교하면서 길이를, 코뿔소와 다람쥐를 통해 무게를, 얼룩말의 무늬를 통해 넓이를 비교하는 식이다. 교과서만 보면 이 책이 수학책인지 이야기책인지 헷갈릴 정도다. 하지만 아이들 입장에서는

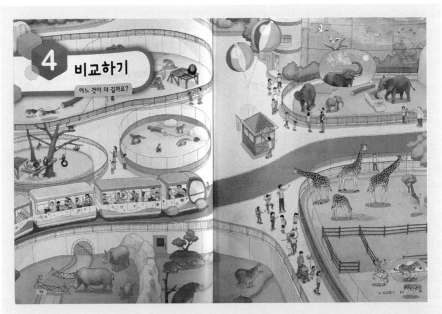

●●● 1학년 1학기 수학 교과서. 언뜻 봐서는 수학 교과서인지 이야기책인지 헷갈릴 만큼 흥미로운 내용과 예쁜 그림으로 구성되어 있다.

수학을 매우 친근하고 재미있게 느낄 수 있다.

수학 교과서가 이렇다 보니 가끔씩 재미있는 상황이 연출된다. 어떤 아이는 기껏 수학 시험을 본 다음 집으로 돌아가서 엄마한테 국어 시험을 봤다고 이야기하기도 한다.

초등학교 수학을 예전처럼 '연산 정도만 잘하면 되겠지'라고 생각하면 큰 오산이다. 아이가 정말 수학을 좋아해서 잘하게 만들려면 무엇보다 책을 읽혀야 한다. 책을 안 읽는 아이한테는 수학 교과서를 읽는 것조차도 벅차다. 수학을 공부할 때 가장 중요한 것은 수학에 대한 거부감을 없애는 일이다. 처음에 수학을 어떻게 접했느냐에 따라 향후 수학에 대한 태도가 결정된다. 처음부터 문제 풀이를 하는 식으로 수학을 접한 아이라면 십중팔구 수학을 싫어할 확률이 매우 높다. 하지만 그림책이나 이야기책으로 먼저 수학을 접한 아이라면 수학과 좋은 관계를 수월하게 맺을 수 있다. 수학과 관련된 책을 읽으면서 개념과 원리에 대한 이해는 물론, 수학에 대한 친근감까지 가질 수 있기 때문이다. 또한 이러한 접근은 아이의 호기심을 자극해 논리적이면서 합리적으로 생각하는 수학적 사고력까지 키울 수 있게 한다.

수학 분야의 노벨상으로 불리는 필즈상(Fields Medal)에서 우리나라는 아직까지 단 한 명의 수상자도 내지 못했다. 하지만 일본은 이미 3명이나 배출했다. 과연 이것이 우연일까? 일본에 안노 미쓰마사安野光雅와 같은 걸출한 수학 그림 동화 작가가 있기 때문은 아닐까? 어릴 적부터 좋은 수학 동화를 많이 읽은 아이는 수학에 대해 별로 거부감이 없고 수학을 좋아하기 마련이다. 이런 아이들이 자라서 세계적인 수학자가 되는 것이다.

다음은 초등학교 입학 전이나 1학년 아이들이 읽을 만한 수학 동화책 리스트이다.

도서명	저자	출판사
'어린이가 처음 만나는 수학 그림책' 시리즈(3권)	안노 미쓰마사	한림출판사
'수학 그림 동화' 시리즈(8권)	안노 미쓰마사 외	비룡소
『성형외과에 간 삼각형』	마릴린 번즈	보물창고

『덧셈 놀이』	로렌 리디	미래아이
『뺄셈 놀이』	로렌 리디	미래아이
『1학년 스토리텔링 수학 동화』	우리기획	예림당
'무적의 수학 탐험대' 시리즈(6권)	웬디 클림슨 외	초록아이

05

이해력을 키워주는
책읽기

『논어論語』「위정편爲政篇」에 다음과 같은 구절이 나온다.

子曰 學而不思則罔 思而不學則殆(자왈 학이불사즉망 사이불학즉태)
공자께서 말씀하시길 배우기만 하고 생각하지 않으면 막연하여 얻는 것이
없고, 생각만 하고 배우지 않으면 위태롭다.

요즘 우리 아이들을 보면서 이 구절이 항상 마음에 남는다. '배우기만 하고 생각하지 않으면 막연하여 얻는 것이 없다'고 했다. 우리 아이들은 항상 열심히 배우는데 별로 얻는 것은 없어 보인다. 공자님 말씀에 의하면 이런 이유는 생각하지 않기 때문이란다. 생각하면서 뭔가를 배

워야 얻는 것이 있다는 이야기다. 생각한다는 건 무엇인가를 이해하기 위해 애쓰는 것을 뜻한다. 따라서 생각은 이해력과 절대적인 관계가 있다. 이해력이 높은 사람은 무엇인가를 배우면서도 동시에 생각을 하기 때문에 똑같은 걸 배워도 더 많이 얻는다. 하지만 그렇지 않은 사람은 똑같이 배우더라도 더 적게 얻을 수밖에 없다. 아이가 공부를 잘하길 바란다면 이해력을 높이는 일부터 고민해봐야 한다.

이해력의 든든한 밑바탕, 배경지식

초등학교 고학년 아이들이 가장 어려워하고 싫어하는 과목은 과연 무엇일까? 많은 사람들이 대개 수학이라고 생각한다. 수학은 잘하는 아이들과 못하는 아이들의 점수 차가 가장 많이 벌어지는 과목이긴 하지만, 마니아가 항상 있기 때문에 가장 싫어하는 과목까지는 아니다. 정작 고학년 아이들이 가장 어려워하고 싫어하는 과목은 바로 사회다. 사회는 수학처럼 따로 마니아가 존재하는 과목도 아닐뿐더러, 대부분의 아이들은 사회를 별로 좋아하지 않는다. 그런데 신기하게도 사회가 유독 쉽다고 말하는 아이들이 있다. 이런 아이들은 볼 것도 없이 책을 많이 읽은 아이들이다. 책을 많이 읽은 아이들일수록 사회가 재미있으며 제일 쉽다고 말한다. 왜 그럴까? 다름 아닌 '배경지식' 때문이다.

배경지식이란 지금껏 경험하거나 보고 듣고 읽어서 아는 모든 것을 말한다. 새로운 내용을 배울 때 사전 배경지식의 유무에 따라 받아들이는 정도의 깊이와 넓이 등이 결정된다. 아마도 바닷가에서 자란 아이는 교과서에 실린 갯벌이나 바다 생태계와 관련된 내용을 잘 이해할 것이다. 이미 이 아이에게 바다와 관련된 사전 배경지식이 많이 형성되었기 때문이다. 직접 체험은 가장 강력한 배경지식이다. 이러한 직접 체험의 양은 거의 전적으로 나이에 달려 있다. 예를 들어 초등학교 1학년 아이가 아무리 여러 가지 체험을 한다고 해도 6학년 아이보다 그 체험의 양이 더 다양하고 많기는 어렵다. 하지만 책읽기 등을 통해 할 수 있는 간접 체험은 이와는 전혀 다르다. 1학년 아이가 6학년 아이보다 아는 것이 더 많을 수도 있고, 심지어 정신세계가 더 풍성할 수도 있다. 책읽기에서 얻을 수 있는 배경지식은 이처럼 나이를 무색하게 만들 수 있다.

이해력의 차이는
배경지식의 차이다

———

1학년 아이들을 데리고 학교 주변으로 여름 나들이를 나갔을 때 일이다. 숲길을 걸어가는데 노랑꽃들이 아주 예쁘게 피어 있었다.

"얘들아, 이거 무슨 꽃인지 아니?"

교사의 질문에 갑자기 다들 조용해졌다. 이때 한 남자아이가 자신 있게 대답했다.

"이거, 애기똥풀 아니에요?"

순간 아이들의 시선이 그 아이에게 쏠렸다.

"줄기에서 노랑물이 나오기 때문에 애기똥풀로 이름이 붙여졌대요. 그리고 노랑물을 모기 물렸을 때 바르면 잘 나아서 옛날에는 약으로도 썼대요."

이 말을 들은 아이들은 그 친구를 존경스러운 눈빛으로 쳐다보았다. 그러면서 그 친구 말대로 노랑물이 나오는지 확인하기 위해 한바탕 소동이 벌어졌다. 줄기에서 진짜 노랑물이 나오는 것을 확인하는 순간 여기저기서 탄성이 흘러나왔다. 그날 이후로 그 아이는 아이들 사이에서 식물박사로 통했다. 신기해서 어떻게 그런 걸 다 알고 있느냐고 물었더니 식물도감을 보고 알았다고 했다. 그제야 그 아이가 평소 식물과 관련된 책을 즐겨 읽는다는 사실이 새삼스럽게 떠올랐다. 관심의 차이가 배경지식의 차이로 연결된 것이다.

배경지식의 양은 이해력과 직결된다. 배경지식의 양이 많을수록 이해력이 높다. 배경지식이 많으면 같은 책을 읽더라도 그 내용이 머리에 쏙쏙 들어올 수밖에 없다. 배경지식이 없는 상태에서 책을 읽는다는 건 해당 언어를 모르면서 외국 소설을 읽는 것과 같다. 컴퓨터에 관심도 없는 사람이 전공자들이나 보는 컴퓨터 서적을 읽는다고 가정해보자. 사전 배경지식이 없기 때문에 졸린 건 물론, 책을 덮어버리고 싶을 것이다.

꾹 참으면서 계속 볼 수도 있겠지만, 책의 내용을 읽는다기보다는 글자만 겨우 읽을 게 분명하다. 이처럼 배경지식이 없는 상태에서 어떤 책을 읽으면 이해가 동반되지 않는 단순한 글자 읽기로 전락할 수밖에 없다.

스토리로 기억한 지식이
오래간다

배경지식이 많은 아이들이 공부를 할 때 절대적으로 유리하다는 사실에 대해 반박할 사람은 아마도 없을 것이다. 여기서 문제는 배경지식을 어떻게 쌓느냐는 것이다. 교과서를 달달 외우는 식의 공부도 일종의 배경지식을 쌓는 거라고 할 수 있다. 하지만 이런 식으로 쌓은 배경지식은 오래가지 못한다. 머릿속에 잠시 머물렀다 휘발된다.

중고등학교 시절, 시험을 보기 위해 소위 벼락치기 공부를 했던 기억이 거의 대부분 있을 것이다. 안타깝게도 벼락치기로 공부한 지식들은 시험이 끝나자마자 모두 사라져버린다. 왜 그런 것일까? 우리 뇌 속의 단기 기억 장치에 저장되었기 때문이다. 우리 뇌 속에 저장되는 지식들은 유의미한 지식일 때만 장기 기억 장치로 이동한다. 따라서 어떤 지식을 장기 기억 장치로 보내려면 벼락치기 공부로는 불가능하다. 습득한 지식에 의미 부여가 잘 이루어져야 기억 속에 오래 남는 법이다. 지식을 습득하며 의미를 부여할 수 있는 가장 좋은 방법은 스토리를 통해 기억하는 것이다. 어떤 스토리를 읽으며 그 맥락 속에서 기억한 지식은 쉽게 잊어버리지 않는다. 지식을 습득할 때의 특별한 상황이나 느낌을 같이 기억하기 때문이다.

염소네는 당근 농사를 열심히 지어 시장에 당근을 500원에 내다 팔았다. 그런데 어느 날, 근처 여우네는 400원, 원숭이네는 300원에 당근을 팔아 손님

들이 염소네로 오지 않았다. 어쩔 수 없이 염소네도 당근 가격을 400원으로, 또 300원으로 내리고 나서야 결국 당근을 다 팔 수 있었다. 하지만 이렇게 팔다가는 내년에 당근 씨앗도 살 수 없었다. 그래서 한숨을 쉬며 고민하다가 당근 주스 아이디어가 떠올랐고, 당근 주스는 성공적으로 잘 팔렸다. 시장에서 가격이 어떻게 결정되고, 또 어떻게 해야 장사를 잘할 수 있는지 알 수 있었다.

이 글은 1학년 남자아이가 『당근이 얼마예요?』라는 책을 읽고 쓴 독서 감상문이다. 이 아이는 겨우 1학년이지만 책을 읽고 나서 '공급이 많아지면 가격은 내려간다'는 시장의 원리를 깨우쳤다. 그리고 가격 경쟁에서 이길 수 없을 때는 발상의 전환이 필요하다는 사실까지 배웠다. 과연 이런 내용을 오직 교과서만으로 가르칠 수 있을까? 아니면 1학년 선생님이 가르칠 수 있을까? 스토리를 통해 기억한 지식은 깊고 넓을 뿐만 아니라 아이의 뇌 속에서 장기 기억으로 남는다.

이해심을 심어주는
책읽기

필자가 근무하는 학교에서는 매년 유니세프 기금 마련을 위해 유니세프 물품을 구입한다. 보통 물품 구입을 독려하기 위해 유니세프에서 제공한 기아나 물 부족에 허덕이는 아프리카 아이들의 동영상을 보여준다. 동영상은 눈물이 핑 돌 정도로 슬프면서 반드시 도와주겠다는 마음이 생길 만한 내용으로 이루어져 있다. 그래서인지 동영상을 볼 때 많은 아이들이 눈물을 흘린다. 하지만 어떤 아이들은 이 동영상을 보면서도 키득거리며 웃는다. 이런 아이들을 보면 정말 화가 치민다. 왜 웃느냐고 물으면 아프리카 아이들의 표정이 너무 우스워서 그런단다. 동영상 속 아프리카 아이들은 생사의 갈림길에서 고통을 견디고 있는데, 그 모습을 보면서 웃다니 어떻게 이런 일이 벌어질 수 있을까? 이해심과 공감 능력이 전혀 없기 때문이다.

어휘력과 이해력이 향상된다든지, 사고력이 깊어지고 글쓰기를 잘할 수 있다든지 등은 책읽기가 공부에 미치는 영향을 말하는 것이다. 하지만 진정한 책읽기의 힘은 아이의 정서에 미치는 영향에 있다. 책을 많이 읽은 아이들은 공감 능력이 뛰어나 남을 이해하는 능력인 이해심도 뛰어나다. 이해심이 뛰어난 아이들은 어디를 가든지 환영을 받으므로 행복한 인생을 살아갈 수 있다.

책은
또 하나의 가족이다

요즘 아이들이 타인에 대한 이해심이 없다는 건 어제 오늘 이야기가 아니다. 대부분 외동아들이나 외동딸인 경우가 많아서다. 사람들은 서로 부대끼고 갈등하고 타협하고 소통하면서 살아가야 둥글둥글하게 변한다. 그런데 외둥이들은 이런 기회가 처음부터 적은 아이들이다. 외둥이들의 의식 속에는 '남'이라는 존재가 크지 않다. 심지어 '남'이 자기 곁으로 다가오는 걸 경계하는 아이도 있다. 외둥이들에게 혼자서 노는 건 심심하니 엄마한테 같이 놀 동생 한 명만 더 낳아달라고 말해보라고 하면 일부는 머뭇거리기도 한다. 동생이 생기는 일이 상상이 되지 않기 때문이다. 부모의 사랑을 나누고 싶지 않은 아이들의 마음을 살펴볼 수 있는 대목이다. 동생조차도 잘 상상이 되지 않는 아이들에게 친구들에 대한 이해심을 바란다는 것 자체가 어쩌면 무리일 수도 있다. 하지만 세상은 혼자서 사는 게 아니라는 걸 부모는 너무나 잘 알고 있다. 그렇다면 인간이 살아가는 데 없어서는 안 될 이해심을 어떻게 키워줄 수 있을까? 직접 몸으로 부대끼며 이해심을 배울 수 있는 형제나 자매가 없다면 대체물을 꼭 마련해줘야 한다. 그래야 아이가 이해심을 지닌 사람으로 자라나서 다른 사람들과 더불어 행복한 삶을 살아갈 것이다.

책은 형제자매와 같은 역할을 해줄 수 있다. 책 속에는 다양한 인물이 등장한다. 이 인물들은 책을 읽는 아이에게 형제자매나 마찬가지이다. 실제로 존재하는 형제자매는 아니지만 그 이상의 역할을 한다. 아이들은 책 속의 형제자매가 살아가는 모습을 보면서 '다른 사람들도 나처럼 사는구나', '나만 그런 게 아니구나', '그럴 수도 있구나'와 같은 감정을 느낀다. 이와 더불어 자기중심적인 사고를 극복하고, 이해의 폭을 넓힐 수 있다. 책을 읽으면서 다양한 형제자매를 만나본 아이들은 인생의 길이를 바꿀 수는 없지만 인생의 폭은 바꿀 수 있다. 인생의 시작점은 바꿀 수 없지만 인생의 종착점은 바꿀 수 있다.

책은 부모가 할 수 없는 걸 대신해준다

———

홍도야, 너 그림 정말 잘 그리더라. 그림이 그렇게 좋니? 하지만 아버지께서 그림 그리지 말고 공부하라고 말씀하셨을 때는 무척 슬펐겠다. 그 마음 나도 이해해. 내가 아주 좋아하는 닌자고를 부모님께 빼앗겼을 때가 있었어. 그런 거랑 똑같은 기분이겠지?

1학년 남자아이가 『그림 그리는 아이 김홍도』라는 책을 읽고 쓴 독서 감상문의 일부다. 이 글을 보면 어떻게 책이 아이들에게 공감 능력과 이해심을 심어줄 수 있는지 쉽게 이해할 수 있다. 책을 읽기 전, '김홍도'는 아이와는 아무런 상관없는 역사 속의 인물이었다. 하지만 아이가 책을 펼친 순간, 김홍도는 곁에 다가와 말을 거는 형제이자 모르는 걸 가르쳐주는 스승이 된 것이다.

우리는 다른 사람은 고사하고 자기 자신조차도 이해할 수 없을 때가 많다. 그런데 책읽기는 자꾸만 다른 사람의 경험 속으로 우리를 초대한다. 그리고 우리가 그 경험을 간접적으로 체험할 수 있게 해준다. 이 정도로 친절한 인생의 스승은 현실 속에선 찾기 힘들다. 사랑도 많이 받아본 사람만이 할 수 있듯이, 이해도 많이 받아본 사람만이 할 수 있다. 좋은 책을 많이 읽는다는 건 그 자체가 위로이고 기쁨이며 치유이다. 좋은 책은 이해심이 많은 친구처럼 내 편에 서서 나를 감싸준다. 현실 속에서 이런 친구를 만나긴 힘들겠지만, 책을 읽으면 평생 좋은 친구를 쉽게 만날 수 있는 셈이다. 부모는 아이에게 '사랑'을 줄 순 있겠지만, '이해심'을 줄 순 없다. 반대로 책은 아이에게 '사랑'을 줄 순 없지만, '이해심'을 키워줄 순 있다.

뻔한 동화책이
뻔하지 않은 이유

언젠가 2학년 아이들에게 『흥부와 놀부』라는 책을 읽어주었다. 그 작품은 이렇게 끝을 맺었다.

> 형님 놀부가 망했다는 소식을 듣고 동생 흥부는 곧장 달려가 형과 형수를 집으로 데려갔습니다. 그리고 오순도순 행복하게 살았답니다.

마지막 부분을 다 읽고 나니 여기저기서 흥분하는 아이들이 속출했다. 어떤 여자아이가 아주 격앙된 목소리로 "왜 데려가? 완전 치사 빵꾸다"라고 말했다. 그랬더니 다른 아이들도 "맞아, 맞아. 왜 데려가? 벌 받게 놔두지" 하며 난리도 아니었다. 하지만 어떤 아이들은 "와, 흥부 정말 착하다"라는 상반된 반응을 보였다. 사실 이런 상황에서 가장 자연스러운 인간의 모습은 흥부가 놀부를 왜 데려가느냐며 흥분하는 모습일 것이다. '눈에는 눈, 이에는 이', 바로 이것이 자연인의 모습이다. 하지만 아이들이 읽는 대부분의 책들은 자연인의 모습을 그대로 그리기보단 자연인의 성정을 극복한 이야기를 다룬다. 놀부가 흥부에게 못되게 군 걸 생각하면 당연히 복수해야 하지만, 오히려 흥부는 놀부를 용서하고 같이 사는 길을 택한다. 이런 이야기를 많이 읽다 보면 아마 아이는 자신도 모르는 사이에 삶 속에서 옳은 길을 선택하는 사람이 될 것이다. 선택의 기로에서 자연인의 선택을 하는 게 아니라, 어느 쪽이 옳은지 먼저 따져볼 것이다. 이해심의 지경이 넓어지는 것이다.

아이들이 읽는 대부분의 동화들은 착한 사람은 복을 받고, 나쁜 사람은 벌을 받는 권선징악勸善懲惡을 주제로 한다. 특히 이런 주제는 세계명작동화나 전래동화에서 잘 나타난다. 『신데렐라』, 『콩쥐 팥쥐』, 『흥부와 놀부』 등은 대표적인 권선징악 주제의 이야기들이다. 이런 이야기들을 읽으면서 아이는 이해심을 기르게 된다. 아이가 남을 이해할 줄 아는 공감 능력이 뛰어난 사람으로 자라길 원한다면 무엇보다 동화책을 많이 읽힐 일이다. 그 속에서 아이는 다양한 형제자매들을 만날 것이다. 그리고 아이는 그 형제자매들과 의사소통을 하면서 깊은 이해심을 배우고 성숙한 인생을 살아갈 것이다. '찡'한 동화를 읽은 아이만이 '찡'한 인생을 살 수 있는 법이다.

문제 해결력을 높여주는 책읽기

———

아이들이 읽는 동화는 읽으면서 어휘력, 이해력, 상상력 등이 좋아지는 것을 우선 생각하게 된다. 물론 이런 능력들도 좋아지지만 동화를 읽는 큰 이점 중 한 가지는 현실의 문제를 잘 해결해가는 능력을 길러준다는 점이다.

우리가 살아가면서 겪는 많은 문제들은 다른 사람들과의 관계 속에서 겪는 갈등이 대부분이다. 또한 이런 갈등은 상대를 잘 이해하지 못하는 이해심 부족에서 비롯되는 경우가 대부분이다. 우리가 이야기책을 읽어야 하는 이유는 인간의 이런 한계를 조금이나마 극복하기 위해서이다.

아이들의 이야기책이라 할 수 있는 동화에는 인물들이 등장하고, 등장인물들은 어떤 환경이나 다른 등장인물들과 갈등을 겪기 마련이다. 이런 사건이나 갈등이 해결되어가는 과정을 이야기라고 할 수 있다.

예를 들어 저학년 아이들이 좋아하는 『엄마, 받아쓰기 해봤어?』(계림 북스)라는 동화는 주인공 바다와 엄마가 받아쓰기를 놓고 겪는 갈등을 다룬 동화이다. 아이는 이런 동화를 읽으면서 현실의 받아쓰기에서 겪을 법한 일을 간접적으로 경험하게 된다. 이런 간접 경험은 현실의 직접 경험을 좀 더 준비된 상태에서 맞닥뜨리게 하고 의연하게 대처할 수 있게 도와준다. 또한 동화를 읽으면서 바다의 입장이 되어보기도 하고, 엄마의 입장이 되어보기도 하면서 친구들과 엄마의 입장을 좀 더 잘 이해할 수 있는, 포용력 있는 아이가 되는 것이다.

이해심이 높다는 것은 현실에서 부딪히는 문제들에서 갈등을 덜 겪거나 갈등을 겪어도 잘 헤쳐 나가는 것을 의미한다. 이런 측면에서 동화를 많이 읽어 문제 해결력을 기르는 것은 아이의 이해심을 기르는 것이고 인생을 행복하게 살아갈 수 있는 밑거름을 주는 것과도 같다고 할 수 있다.

07

좌뇌와 우뇌의 균형을 잡아주는 책읽기

우리의 뇌는 좌뇌와 우뇌로 구성되어 있다. 좌뇌는 논리, 숫자, 언어 등을 담당해 일명 '언어 뇌'라고 부른다. 좌뇌가 발달한 사람은 언어 사용 능력이 뛰어나다. 이에 반해 우뇌는 색깔, 소리, 직감력 등을 담당하고 있어 일명 '이미지 뇌'라고 한다. 우뇌가 발달한 사람은 공간 지각 능력과 예술적 재능 등이 뛰어나다. 행복하면서도 성공한 인생을 살아가려면 좌뇌와 우뇌가 균형 있게 발달해야 한다. 하지만 지금의 아이들은 좌뇌와 우뇌의 불균형을 겪고 있다. 영상 매체에 노출되는 시간이 늘어나면서 우뇌만 자극하고 상대적으로 좌뇌는 점점 기능이 위축되고 있는 것이다. 그렇기 때문에 책읽기를 통해서 좌뇌와 우뇌의 균형을 잡아야 한다.

우뇌만 자극하는 아이들

아이들은 공부에서 받는 스트레스를 해소하기 위해 게임이나 TV 시청 등에 빠져든다. 하지만 이런 일들은 하나같이 모두 우뇌만 자극하는 활동이다. 이렇게 우뇌만 자극하다 보면 상대적으로 좌뇌는 발달하지 않는다. 그래서 아이는 점점 더 단순하고 감각적인 사람으로 변해간다. 또한 언어 사용 능력이 상대적으로 떨어지기 때문에 짧은 대답이나 앞뒤가 맞지 않는 말을 한다. 이런 아이들은 "몰라요", "그냥요"와 같은 말을 자주 사용한다.

지속적으로 우뇌만 자극하면 치명적인 문제가 발생한다. 바로 책을 싫어하게 되는 것이다. 우뇌만 계속 자극하면 자연스럽게 좌뇌는 위축되고, 좌뇌가 위축된 아이는 좌뇌를 적극적으로 사용하는 활동을 싫어하게 된다. 책읽기는 좌뇌를 자극하는 대표적인 활동이다. 책읽기가 공부의 근간인 점을 감안하면 이는 심각한 문제일 수밖에 없다. 공부는 책을 읽고 이해하는 활동이다. 어휘력과 논리력이 풍부한 사람일수록 제대로 공부를 할 수 있다. 어휘력과 논리력은 좌뇌를 자극해야 향상되므로 공부는 좌뇌가 발달한 사람에게 유리한 활동이라고 할 수 있다. 따라서 공부를 잘하기 위해서는 좌뇌를 발달시켜야 한다.

좌뇌 발달이 잘 이루어지지 않은 아이들은 책을 읽어도 도무지 무슨 소리인지 이해할 수 없으니 그 시간이 고역이다. 또한 선생님 말은 마치 외국어처럼 들린다. 책을 읽어도 무슨 말인지 모르겠고, 선생님 말도 이해가 안 되니 공부는 애당초 물 건너간 셈이다.

책읽기는 가장 완벽한
전뇌적인 활동이다

───

책읽기는 가장 대표적인 좌뇌 활동이다. 그렇다고 좌뇌만 발달시키진 않는다. 책을 읽기 위해서는 단어를 이해해야 한다. 단어만 이해한다고 의미를 모두 이해할 수 있는 건 아니다. 문장과 문단의 구조도 이해해야 하고, 심지어 드러나지 않은 숨은 요소까지 찾아 이해해야 할 때도 많다. 이는 대부분 언어적인 영역에 걸쳐 있기 때문에 좌뇌를 자극하는 활동이다. 하지만 책읽기는 여기에서 멈추지 않는다. 더 깊고 폭넓게 책을 읽으려면 책 속에 나오는 배경과 사건, 인물들의 성격이나 행동을 이해해야 한다. 복잡한 인간관계를 이해해야 하고, 작가의 의도도 추리해야 한다. 이는 좌뇌보다는 우뇌를 자극하는 활동이다. 이뿐만이 아니다. 책을 읽고 난 후의 느낌과 생각을 말이나 글로 제대로 표현하기 위해서는 우뇌의 역할이 절대적으로 필요하다. 사실 말이나 글의 표현에는 어휘력, 이해력 등과 연관된 좌뇌의 역할이 필수적이다. 하지만 이때 상대방의 입장, 말의 목적, 추후의 파장 등을 고려해야지만 성공적인 말하기나 글쓰기가 가능하다. 이런 것들은 모두 우뇌가 담당하는 영역이다.

이처럼 책읽기는 좌뇌와 우뇌를 모두 자극하는 전뇌적인 활동이다. 예를 들어 TV를 보면 우리 뇌의 40퍼센트 정도가 활성화되고, 만화책을 읽으면 60퍼센트 정도가 활성화된다. 하지만 책을 읽으면 100퍼센트 활성화가 이루어진다. 책읽기가 얼마나 전뇌적인 활동인지 짐작할 수 있는 대목이다. 우리의 뇌 속에는 뇌신경을 둘러싸고 있는 '미엘린

Myelin'이라는 물질이 있다. 이 물질이 많고 두꺼울수록 정보 전달은 빠르고 정확해진다. 미국의 마르셀 저스트Marcel Just 박사에 의하면 아이들이 독서와 같은 사고 과정을 반복하면 뇌신경이 자극되어 이 물질이 더욱 많이 생성된다고 한다. 이는 독서가 과학적으로도 얼마나 중요한 역할을 하는지 보여준다. 책을 많이 읽으면 읽을수록 좌뇌와 우뇌의 균형이 잡히는 것이다. '책은 두뇌의 식단이고 독서는 두뇌의 식사다'라는 말이 있다. 몸이 건강하려면 균형 잡힌 식사를 해야 하듯, 좌뇌와 우뇌를 균형 있게 발달시키려면 좋은 책을 읽는 것부터 시작해야 한다.

책을 읽기 전과 읽은 후
우리는 다른 사람이 된다

─────

영국의 한 대학 실험 결과에 의하면, 단 6분의 독서로 심장박동을 낮추고 근육의 긴장을 이완시키며 스트레스 수치를 68퍼센트까지 떨어트리는 것으로 밝혀졌다.

이 실험 결과는 교사로서 100퍼센트 사실로 받아들여진다. 아이들에게 아침에 잠깐이지만 15분 정도 매일 책을 읽히고 있다. 책을 읽히다 보면 실험 결과들이 그대로 눈에 보이기 시작한다. 들떴던 아이들의 모습이 금세 차분해지며 스트레스에 시달려서 싸움닭 같던 아이들이 언제 그랬냐는 듯이 순하게 변해 있는 것을 보게 된다.

잘 알려진 것처럼 인간의 뇌는 뉴런과 시냅스로 이루어져 있다. 뉴런의 경우 거의 늘어나지 않는 반면 뉴런을 연결하는 길과 같은 역할을 하는 시냅스는 외부 자극에 의해 생긴다. 시냅스가 잘 발달한 사람일수록 사고력이나 기억력이 좋아진다. 시냅스 형성에 가장 효과적인 외부 자극이 바로 책읽기다. 책을 읽으면 머리가 좋아진다는 말은 다 일리가 있는 말이다.

오늘날, '뇌 영상 기법'이 발전함에 따라 뇌에서 일어나는 현상을 영상을 통해 관찰할 수 있게 되었다. 뇌 영상 기법을 활용해서 살펴본 결과, 독서를 시작하면 뇌 속에 있는 신경들이 재구성되고, 이 과정에서 뇌는 창조적인 사고를 할 수 있는 뇌로 변신한다고 한다. 독서를 하기 전과 후, 전혀 다른 사람이 된다면 지나친 표현일까?

08

책읽기의 대가는
상상력의 대가

점심시간이나 쉬는 시간에 학교 도서관에 가보면 재미있는 풍경을 볼 수 있다. 대다수의 아이들이 운동장에서 놀기 바쁠 시간, 몇몇 아이들이 책을 읽고 있다. 하도 기특해서 무슨 책을 읽는지 살펴보면 십중팔구 만화책이다. 학교 도서관이 아니라 만화방에 온 것 같은 착각이 들 정도이다. 아이들은 만화를 참 좋아한다. 하지만 부모나 교사는 한사코 만화책을 못 보게 하려고 애를 쓴다. 만화책의 내용이 비교육적이어서가 아니다. 요즘 만화책은 예전처럼 조잡하지도 않고 학습적으로 유익한 것도 많다. 그럼에도 불구하고 만화책을 못 보게 하려는 이유는 무엇일까? 바로 상상력 때문이다.

식을 세우기보단
그림을 그려라

───

만화책을 읽으면 재미는 물론이거니와 일정 부분의 어휘력과 이해력도 쌓인다. 하지만 만화책에는 결정적인 약점이 있다. 상상력이 키워지지 않는다는 점이다. 상상력은 '글이나 장면을 보면서 이미지를 형성하는 능력', 즉 '머릿속으로 그림을 그릴 줄 아는 능력'이다. 책을 읽다 보면 어떤 장면들이 머릿속에 떠오르거나 영화 필름이 돌아가는 것 같은 경험을 하게 되는데, 이는 바로 상상력 때문이다.

사실 상상력이 부족하면 공부를 할 때 결정적인 타격을 받는다. 수학 문제를 풀 때도 상상력을 바탕으로 풀 때와 그렇지 않을 때 차이가 많이 난다. 대다수 사람들은 수학 문제를 푼다고 하면 식을 세우는 것부터 떠올린다. 하지만 수학 문제는 식을 세워서 풀 때보다 상상력을 바탕으로 그림을 그려서 풀 때 더 정확하게 잘 풀리는 경우가 많다. 다음은 초등학교 1학년 수학 문제의 두 가지 풀이 방법이다.

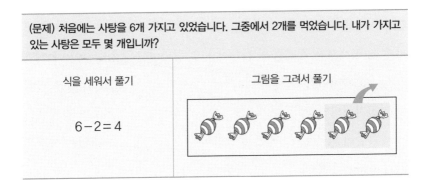

(문제) 처음에는 사탕을 6개 가지고 있었습니다. 그중에서 2개를 먹었습니다. 내가 가지고 있는 사탕은 모두 몇 개입니까?

식을 세워서 풀기

$6 - 2 = 4$

그림을 그려서 풀기

대부분의 아이들은 식을 세워서 푸는 방법을 선택한다. 하지만 그림을 그려서 푸는 방법이 실수하지 않을 확률은 더 높다. 주목할 점은 고등 수학으로 갈수록 그림을 그려서 푸는 것과 마찬가지로 상상력을 발휘할 줄 알아야 한다는 사실이다. 예를 들어 중고등학교에서 함수와 미적분을 배울 때는 복잡한 식을 쓰기에 앞서 그래프를 그린다. 그렇기 때문에 함수와 미적분을 이해하고 관련 문제를 쉽게 풀기 위해서는 그래프를 그려서 연상해보는 어느 정도의 상상력이 필요한 것이다. 상상력이 부족한 아이들은 그림을 그려서 문제를 풀라고 하면 괴로워한다. 무슨 말인지도 모르는 경우가 허다하다. 글을 읽고 떠오르는 마땅한 이미지가 없기 때문이다. 이는 상상력이 부족해서 생기는 현상들이다. 상상력이 있어야 문제도 잘 풀 수 있다.

상상력은 창의력의 어머니

상상력이 풍부한 사람들은 보통 사람들이 스쳐 지나가는 것들을 세밀하게 엮어 새로운 결과물을 만들어낸다. 결과물들은 하나같이 다 기발하면서도 재미있다. 이런 의미에서 상상력과 창의력은 거의 같은 말이나 마찬가지지만, 예외의 경우도 있다. 상상력은 풍부하지만 창의력은 없는 사람이 있을 순 있어도, 상상력이 없으면서 창의력이 있는 사람은 없기 때문이다. 한마디로 상상력은 창의력의 어머니인 셈이다.

상상력이 풍부한 아이들이 쓴 글은 보통 아이들이 쓴 글과는 확연히 구분된다. 2학년 아이들에게 『강아지똥』이라는 작품을 읽어준 다음, 뒷이야기를 상상해서 써보라고 했더니 다음과 같은 글들이 나왔다.

글 (가)

며칠 후 흰둥이가 다시 그 길로 왔어요. 또 똥을 쌌어요. 그런데 어떤 사람이 왔는데 민들레랑 똥이 있어서 그냥 갔어요.

글 (나)

다음날 강아지똥은 어디서 많이 본 듯한 얼굴을 봤어요. 그 강아지는 자기를 만들어준 강아지였어요. 강아지는 강아지똥 옆에서 '너는 참 아름답구나' 하는 표정으로 가만히 서 있었어요. 강아지똥은 강아지에게 말을 걸었어요.

"강아지야, 난 민들레라는 꽃이야."

강아지도 말했어요.

"참 예쁘게 생겼구나! 정말 반짝반짝 빛난다."

"고마워. 하지만 난 네가 없었더라면 없었을 거야."

강아지는 어리둥절한 표정으로 물었어요.

"아니 왜? 나는 그냥 강아지일 뿐이고 너는 예쁜 꽃인걸."

"하지만 나는 민들레 싹과 너의 똥이 거름이 되어 몸속으로 들어가 이런 꽃이 된 거란다."

"정말?"

강아지가 물었어요.

"그럼. 강아지야 고마워. 정말 고마워."

"아니야. 난 똥을 싼 것뿐이야."

강아지와 강아지똥은 이야기를 나누며 그렇게 사이좋은 친구가 되었어요.

솔직히 글 (가)는 재미도 없고 무슨 말인지도 모르겠다. 하지만 글 (나)는 재미도 있고 감동적이다. 이 정도 이야기를 만들려면 먼저 머릿속으로 장면을 그려야 한다. 그리고 머릿속으로 그린 장면을 글로 표현할 줄 알아야 한다. 대충 허술하게 글로 표현하는 것이 아니라 치밀하고 그럴싸하게 구성해야 한다. 그러므로 글 (나)를 쓴 아이는 상상력, 창의력, 치밀함을 두루 갖췄다고 할 수 있다. 혹자는 글 (나)를 보면서 '정말 2학년이 쓴 거야?'라고 의심할지도 모른다. 하지만 사실이다. 그렇다면 어떻게 우리 아이를 글 (나)를 쓰는 아이처럼 상상력이 풍부하면서도 창의력이 샘솟는 아이로 만들 수 있을까? 가장 좋은 방법은 상상력의 산물을 보여주는 것이다. 그림, 음악 등의 예술품과 책은 인간 상상력의 산물이다. 상상력이 없는 사람은 절대 예술품이나 책을 만들 수 없다. 상상력의 대가들이 만든 것들을 자주 접하다 보면 자기 자신도 모르는 사이에 상상력의 대가가 될 수 있다. 상상력은 가지고 태어나는 것이 아니라 키워지는 것이기 때문이다.

작가는 상상력의 대가이다. 그들이 쓴 책을 읽는다는 건 그들과 만나 대화를 나누는 것이나 다름없다. 그렇기 때문에 상상력이 자라날 수밖에 없다. 그들의 상상력이 온전히 아이에게 전해지는 것이다. 진정 아이의 미래가 걱정된다면 아이의 상상력이 제대로 자라는지를 점검해야 한다. 그래서 상상력이 부족하다면 지금 당장 책을 손에 쥐어주자.

3장

책만 잘 읽혀도
1학년의 반은
성공이다

1학년 중에는 콜라를 못 마시는 아이들이 제법 있다. 반면, 어떤 아이들은 콜라라면 좋아서 사족을 못 쓴다. 어릴 때 식습관을 잘못 들였기 때문이다. 무엇이든 습관이 되기까지가 힘들지 습관이 된 다음에는 힘들지 않다. '3개월은 습관, 6개월은 운명'이라는 말의 뜻을 곱씹어볼 필요가 있다. 독립운동가 안중근 의사는 '하루라도 책을 읽지 않으면 입 안에 가시가 돋는다'고 할 만큼 책을 사랑했다. 중국 혁명의 선각자 쑨원 孫文도 '하루라도 책을 읽지 않고서는 생활할 수 없다'라고 말했다. 마이크로소프트 의장인 빌 게이츠Bill Gates 역시도 '하버드 대학교의 졸업장보다 독서 습관이 더 중요하다'라고 할 만큼 책읽기의 중요성을 강조했다. 이들은 지독하게 책읽기를 좋아한 사람들이다. 이들은 어려서부터 제대로 책 읽는 습관을 들였기 때문에 책을 좋아하고 즐기게 되었다. 무엇이든지 습관 들이기 나름이다.

초등 1학년 책읽기의 원칙

부모가 책읽기에 대해 어떤 원칙을 가지고 있느냐에 따라 아이의 습관은 달라질 수 있다. 좋은 찰흙 작품을 탄생시키기 위해서는 뼈대를 잘 만들어야 한다. 좋은 뼈대가 만들어져야만 나중에 살을 붙여가며 견고한 작품을 완성할 수 있기 때문이다. 초등학교 1학년은 '책읽기'라는 거대한 작품을 탄생시키기 위해 뼈대 만들기를 시작하는 단계라고 할 수 있다. 이때 자칫해서 뼈대를 잘못 만들면 나중에 돌이키기가 어렵다. 어떻게 뼈대를 만들 것인가? 여러 가지 방법이 있겠지만 필자는 다음의 몇 가지를 강조하고 싶다.

책과
사랑에 빠지게 한다

책읽기의 출발은 책을 사랑하는 것이다. 대상을 사랑하면 항상 가까이 하고 싶고, 갖고 싶기 마련이다. 책읽기는 단순한 시각 활동이 아니다. 책장을 손으로 만졌을 때의 느낌, 책장을 넘길 때 나는 소리, 책을 펼쳤을 때 종이에서 풍기는 냄새까지 포함하면 전반적인 신체 활동이라고 해도 무방하다. 또한 책읽기는 책과 읽는 사람이 만나 사랑을 속삭이는 과정이다. 이 과정에서 재미와 맛을 느끼면 평생 책을 사랑하는 사람으로 살아갈 수 있다. 여기서 부모는 자녀가 책과 사랑에 빠질 수 있도록 도와주는 중매쟁이가 되어야 한다.

중매쟁이는 남녀가 서로 좋은 감정을 갖고 사랑에 빠져 결혼할 수 있도록 도와주는 역할을 한다. 책을 마주하는 부모의 역할도 이와 다르지 않다. 아이가 책을 좋아하고 책과 사랑에 빠지는 데 부모가 큰 역할을 할 수 있다는 것이다. 중매쟁이가 제 역할을 잘하면 이루어지지 않을 커플도 이루어진다. 마찬가지로 부모가 어떻게 하느냐에 따라 책을 대하는 아이의 태도가 180도로 달라질 수 있다. 그러므로 부모는 우리 아이가 어떻게 하면 책과 사랑에 빠질 수 있을지를 항상 고민해야 한다.

책읽기가 재미있다는
생각을 심어준다

———

책읽기에 빠져 있는 아이들에게 책읽기가 왜 좋으냐고 물어보면 열에 아홉은 재미있기 때문이라고 대답한다. 책을 읽는 목적으로는 여러 가지가 있을 수 있겠지만, 초등학교 저학년 아이들에게 책을 읽는 목적 1순위는 당연히 '재미'이다. 틈만 나면 선생님에게 재미있는 이야기를 해달라고 조르는 게 1학년 아이들이다. 아이들이 생각하는 가장 훌륭한 선생님은 '재미있는 선생님'이다. 이처럼 1학년 아이들에게 있어 재미는 삶의 이유이며, 삶의 목적이기도 하다. 이런 아이들에게 학습이나 교양 등을 목적으로 책을 읽게 한다면 그만큼 난센스도 없다. 가장 중요한건 초등학교 1학년 아이들에게 책읽기가 재미있는 활동이라는 생각을 심어주는 일이다.

다양한 분야의 책을
접하게 한다

———

아이들 중 일부는 이야기책만 읽는다든지 공룡 관련 책만 읽는다든지 하는 식으로 편향된 책읽기를 한다. 편식이 건강에 좋지 않듯 편향된 책읽기는 정신 건강에 좋지 않다. 특히 어린 시절의 편향된 독서는 진지하게 생각해볼 필요가 있다.

초등학교 1학년은 어떤 분야로든지 발전 가능성이 무궁무진하다. 자신의 관심 분야를 찾기 위해서는 다양한 분야의 책읽기가 가장 중요하다. 특별히 관심 분야가 생겨 아이 스스로 책을 찾아서 읽기 전까지는 다양한 장르의 다양한 작가가 쓴 책들을 읽히는 것이 좋다. 편향된 독서는 부모의 영향을 많이 받는다. 아이가 어릴수록 이런 점을 감안해 부모는 자녀에게 자신의 취향을 강요하지 않도록 노력해야 한다. 아이 안에 어떠한 가능성의 싹이 자라는지 부모도 잘 알지 못할 때가 많다는 사실을 인정해야 한다.

꼼꼼하게 읽는 습관을 길러준다

추상화를 주로 그리는 화가일지라도 화가가 되기까지는 데생 연습을 수도 없이 했을 것이다. 데생은 그림 그리기의 가장 기본이기 때문이다. 그림 그리기의 데생처럼 책읽기에도 기본이 있다. 바로 '정독精讀'이다. 정독은 책을 자세히 살피면서 꼼꼼히 읽는 것을 일컫는다. 빨리 읽는 '속독', 많이 읽는 '다독', 어떤 부분만을 골라서 읽는 '발췌독'과 같이 여러 가지 책읽기 방법들이 있지만, 그중에서 정독은 가장 기본 중의 기본이다. 정독하는 습관을 기르지 않으면 다른 방법들은 모래성에 불과하다. 이는 마치 화가가 데생조차 하지 못하는 것과 같다. 그러므로 아이에게 그 어떤 다른 습관보다 정독 습관을 길러주도록 노력해야 한다.

5분 집중 읽기가
가능하게 한다

1학년 아이들에게 5분 집중 읽기를 시켜보면 잘 못하는 아이들이 의외로 많다. 여기서 말하는 집중 읽기는 옆 사람과 잡담하는 것은 말할 것도 없고, 책에서 눈을 떼지 않고 온전히 책에만 집중하며 책을 읽는 것을 말한다. 5분 집중 읽기가 되는 아이와 그렇지 않은 아이의 격차는 하늘과 땅 차이다. 5분 집중 읽기가 되는 아이는 10분 집중 읽기도 비교적 무난하게 잘된다.

5분 집중 읽기가 잘되면 수업 시간에 조금씩 남는 자투리 시간을 알차게 보낼 수 있다. 학교 수업 시간에 아이들에게 어떤 활동을 시키면 적게는 5분 내지 많게는 10분 정도의 자투리 시간이 남곤 한다. 이 시간에 대다수 교사들은 책읽기를 시킨다. 아이들 중에는 이 시간이 비록 긴 시간은 아니지만 자투리 시간을 아주 알차게 활용하는 아이들이 있는가 하면, 어떤 아이들은 이런 시간을 매번 허투루 보내면서 허비하곤 한다. 학교생활 중에 이런 자투리 시간을 알차게 활용하기 위해서라도 5분 정도의 집중 읽기가 가능해야 한다. 5분 조각들이 모여 아름다운 '독서 조각보'를 만들 수 있는 것이다.

5분 집중 읽기가 안 되는 아이에게는 타이머나 모래시계 등을 활용해서 5분 책읽기에 도전하게 하는 것이 좋다. 5분 집중이 안 되는 아이들에게는 책을 눈으로만 읽게 하는 것보다는 소리 내어 읽게 하는 것이 좀 더 효과적이다.

부모가 노력하는 만큼
아이는 책을 읽는다

하루에 한두 권 정도를 꾸준히 읽혀 한 달에 50권 정도의 책을 읽히면 아이를 아주 훌륭한 독서가로 만들 수 있다. 저학년 때는 한 달에 50권 가량의 책을 읽는 아이들이 많은데, 그 정도로 충분하냐고 되묻는 사람도 있다. 하지만 고학년만 돼도 한 달에 50권 이상 책을 읽는 아이는 거의 찾아보기 어렵다. 50권은 고사하고 5권도 읽지 않는 아이들이 대부분이다. 사실 책을 읽으려면 절대적인 시간이 필요하다. 어떻게 하면 아이의 책읽기 시간을 확보할 수 있을까? 항상 부모가 고민하고 해결하기 위해 노력해야 하는 문제이다.

과감히 TV를 치운다

―――

옛날 사람들은 책을 읽는 장소로 '침상枕上, 마상馬上, 뒷간'을 꼽았다. 책을 읽는 장소라고 하기엔 하나같이 적당하지 않다. 하지만 이런 장소에서라도 책을 읽지 않으면 그만큼 책 읽을 시간이 없다는 역설적인 표현이기도 하다. 마찬가지로 요즘 아이들도 시간이 별로 없다. 책 읽을 시간을 확보하기 위해서는 다른 시간을 덜어내야 한다. 현실적으로 가장 좋은 방법은 'TV 없애기'이다. 미국의 통계이긴 하지만 아이들은 보통 태어나서 초등학교에 입학하기 전까지 평균 만 시간 정도 TV를 본다고 한다. 실로 엄청난 시간이 아닐 수 없다. 그야말로 TV는 시간을 잡아먹는 거대한 하마인 셈이다. 만약 이 시간에 TV를 보는 대신 책을 읽었다면 아마 아이는 세계적인 석학이 되었을지도 모른다.

　TV나 컴퓨터 등의 영상 매체들은 시간만 앗아가지 않는다. 이런 영상 매체들은 자극의 강도가 매우 세기 때문에 자꾸 노출되면 문자 매체인 책과 담을 쌓게 만든다. 또한 시각 기관만을 자극하기 때문에 뇌의 활성화도 잘 이루어지지 않으며, 그에 따라 아이의 집중력, 이해력, 상상력이 현저히 떨어진다. TV는 좋은 점보다는 나쁜 점이 더 많다. 집안에서 TV를 과감히 치우는 게 아이의 책 읽는 시간을 확보할 수 있는 지름길이다. TV를 치우기 위해 엄마는 드라마 욕심을, 아빠는 뉴스 욕심을 내려놓아야 한다. TV는 켜기만 쉬울 뿐, 끄려면 대단한 용기와 결심이 필요하다. 시간은 절대 저절로 생기지 않는다. 그만큼의 대가가 따르기 마련이다.

틈틈이 자주 읽게 한다

TV를 치워서 아이들에게 책을 읽힐 두 시간이 생겼다. 과연 이 시간을 어떻게 활용하면 좋을까? 책을 두 시간 동안 읽히는 게 좋을까? 아니면 오전에 한 시간, 오후에 한 시간을 읽히는 게 나을까? 아이들의 집중력과 효율성을 고려하면 후자가 더 바람직하다. 효율성을 연구하는 미국의 한 전문가는 사람이 한 번에 쏟아부을 수 있는 에너지의 정량이 25분이라고 주장했다. 25분을 넘기면 집중하기가 힘들다는 것이다. 이 주장에 근거한다면 장시간 동안의 책읽기보다는 토막 시간을 잘 활용하는 책읽기가 더 효과적이라는 사실을 알 수 있다. 더불어 1학년 아이들의 집중력으로는 한 번에 30분 이상의 독서는 효율성이 떨어진다. 그러므로 1학년 아이들에게는 토막 시간을 잘 활용해서 틈틈이 책을 읽게 하는 편이 좋다.

책으로 가득한
아이만의 공간을 꾸며준다

사람에게는 보이는 환경이 매우 중요하다. 환경으로 인해 없던 생각이 생길 수도 있다. 사방이 온통 책으로 둘러싸인 서재에 앉아 TV나 게임을 먼저 생각하는 아이는 아마 없을 것이다. 그런 공간에 있으면 책을 읽고 싶은 생각이 없던 아이도 책을 읽고 싶은 생각이 들기 마련이다.

과감히 TV를 치운 자리에 아이만의 서가를 만들어주면 어떨까. 서가라고 해서 거창하게 생각할 필요는 없다. 크기와 상관없이 아이가 들어가서 책을 읽을 수 있는 공간을 마련해주라는 의미이다. 책으로 성을 쌓아주고 그 안에 들어가 책을 읽을 수 있도록 도와준다면 싫다고 마다할 아이가 과연 있을까? 아이는 책의 성 속에서 마치 자기가 성주라도 된 듯 의기양양하며 책에 빠져들 것이다.

『거실 공부의 마법』 저자이자 입시 전문가인 '오가와 다이스케'는 많은 집을 방문해봤다고 한다. 저자는 똑똑한 아이의 집은 거실부터 다르다는 것을 강조한다. 똑똑한 아이의 집에는 공통적으로 거실에 TV가 아니라 책장이 있고, 책장에는 지적 자극을 돕는 사전이나 도감류들이 꽂혀 있다고 한다. 사람은 보이는 대로 행동하기 마련이다. 아이에게 지적 자극물인 책이 즐비한 환경을 만들어주는 부모는 좋은 부모이자 지혜로운 부모임에 틀림이 없다.

지상 최고의 놀이터,
도서관

옛날 그리스 사람들은 도서관을 '영혼의 치유 장소', '영혼의 약'으로 불렀다. 그리고 중세 사람들은 수도원 도서관을 '영혼을 위한 약상자'라고 부르기도 했다. 만약 아이를 도서관에 데려간다면 아이가 치유를 받을지도 모를 일이다.

도서관에 가면 대다수 사람들은 수많은 책 앞에서 자신이 초라해지는 것을 느낀다. 내가 얼마나 우물 안 개구리였는지를 비로소 실감할 수 있는 장소가 바로 도서관이다. 이런 우물 안 개구리 심정은 자신 안에서 잠자던 독서욕을 불태우게 만든다. 아이가 저절로 책을 읽게끔 하고 싶은 부모가 있다면 아이 손을 잡고 동네 도서관부터 찾아가볼 일이다.

어릴 때부터 꾸준히 책을 읽으며 자라는 아이들은 흔해도, 어느 날

갑자기 책을 읽기 시작하는 아이들은 거의 드물다. 어린 시절부터 자녀가 꾸준히 책을 읽기를 바란다면 도서관을 놀이터 삼아 자주 가는 것 이상의 방법이 또 있을까 싶다.

도서 대출 카드 = 보물 창고 열쇠

이 자료는 2017년 한 해 동안 전국대학도서관 대출 권수를 조사하여 한국학술정보원에서 발표한 자료이다. 놀랍게도 도서 대출 권수와 대학 지명도가 묘하게 어느 정도 일치된다. 도서관에서 얼마나 많은 책을 대출하고 있는가를 보면 대학 수준을 알 수 있듯이, 도서관에서 얼마나 많은 책을 대출하고 있는지를 통해 아이의 수준을 금세 알 수 있다.

도서관을 제대로 이용하려면 도서 대출 카드부터 만들어야 한다. '세계 10대 여성', '세계 최고 비즈니스 우먼'과 같이 화려한 수식어가 붙어

[2017년 전국대학도서관 대출 권수 순위]

순위	대학	1인당 도서 대출 권수	순위	대학	1인당 도서 대출 권수
1	서울대	24.9	6	고려대	16.1
2	서강대	20.3	7	카톨릭대	15.9
3	연세대	20.0	8	숭실대	15.3
4	이화여대	18.5	9	KAIST	14.7
5	숙명여대	18.3	10	성균관대	13.6

다니는 오프라 윈프리Oprah Winfrey도 "도서관 카드를 소유하는 것을 마치 미국 시민권을 얻는 것처럼 생각했다"라고 말했다. 보물을 가득 담아놓은 창고가 도서관이라면, 그 창고를 여는 열쇠는 도서 대출 카드이다. 도서 대출 카드는 아이가 책을 사랑할 수 있게 해줄 뿐만 아니라, 아이에게 책 읽는 습관을 정착시켜줄 수 있는 좋은 촉매제이다. 도서 대출 카드는 책의 바다를 헤엄쳐 나가는 데 있어 없어서는 안 될 구명조끼와도 같다. 만약 아직까지 아이만의 도서 대출 카드가 없다면 당장 도서관으로 가서 만들어줄 일이다.

도서관마다 다르겠지만 여건이 허락된다면 독서 통장도 함께 만들면 좋다. 필자는 학교에서 자신의 독서 통장을 들여다보며 흐뭇한 미소를 짓고 있는 아이들을 종종 보았다. 마치 어른들이 목돈이 들어 있는 통장을 들여다보며 짓는 표정과 거의 흡사했다. 독서 통장에 자신이 읽

••• 독서 통장의 모습. 독서 통장을 사용하면 어떤 책을 읽었는지, 1년 동안 몇 권의 책을 읽었는지 쉽게 파악할 수 있다.

은 책이 한 권 한 권 쌓여가는 것을 보며 아이들은 말로는 표현하기 힘든 성취감과 행복감을 느낀다.

독서 통장 활용법

1. 독서 통장 제도를 운영하는 도서관을 찾아간다.

2. 신분증과 신청서 등을 제출해 독서 통장을 만든다.

3. 도서를 대출하거나 반납할 때 독서 통장을 내면 독서 통장에 도서명과 일시가 찍힌다. 은행 통장과 같은 방식이다.

4. 예전에는 도서관 개방 시간에만 독서 통장 정리가 가능했지만, 요즘은 개방 시간외에도 무인 반납기 등을 통해 독서 통장 정리를 아이 스스로도 할 수 있다.

5. 가까운 도서관에 독서 통장 제도가 없는 경우, 다음과 같이 간단하게 집에서 만들어 사용하면 된다.

NO.	날짜	도서명	저자	확인
1	4/7	난 책이 좋아요	앤서니 브라운	
2				
3				
4				
5				

책을 사랑하는 만큼
아이의 인생이 열린다

요즘 많은 아이들이 책을 함부로 다룬다. 책에 낙서를 하거나 책을 찢는 일을 아무렇지도 않게 여긴다. 심지어 어떤 아이들은 책을 한 번 보고 버리는 일회용품처럼 취급하기도 한다. 책이 흔해져서 그런 것도 있지만, 어릴 때부터 책을 대하는 태도를 제대로 배우지 못했기 때문이다. 『소학小學』「가언편嘉言篇」에는 다음과 같은 구절이 나온다.

> 借人典籍 皆須愛護 先有缺壞 就爲補治 此亦士大夫百行之一也(차인전적 개수애호 선유결괴 취위보치 차역사대부백행지일야)
> 남의 책을 빌려오면 반드시 아끼고 소중히 다루며 보호해야 한다. 빌린 책이 원래부터 찢어져 있거나 망가져 있다면 이것을 보수해서 완전하게 만드는 것도 사대부가 해야 할 착한 행실 가운데 하나이다.

조선의 사대부 양반들은 거창한 행실 덕목만 강조하지 않았다. 책을 아끼고 소중하게 다루는 것처럼 우리가 생각할 때 아주 소소한 것도 행실 덕목에 있었다. 작은 것을 소중히 여길 줄 아는 사람이 큰 것도 소중히 여길 수 있는 법이다. 도서관에서 책을 빌려왔는데 책이 망가져 있다면 아이와 함께 책을 보수하자. 책을 잘 보살펴주면 책이 아이의 인생을 잘 보살펴줄 것이다. 아이에게 책은 마치 반려견처럼 세심하게 보살펴줘야 한다고 가르쳐야 할 필요가 있다.

맛있는 책부터 빌린다

음식에도 맛있는 음식이 있듯이 책에도 맛있는 책이 있다. 맛있는 음식은 사람의 취향에 따라 지극히 개인적이다. 책도 마찬가지이다. 취향이나 관심에 따라 맛있는 책은 따로 있다. 하지만 문제는 도서관에서 책을 빌릴 때 너무 엄마 입장만 고려한다는 것이다. 엄마들이 주로 아이한테 권하는 책을 보면 명확한 교훈이 있거나 도덕적인 내용을 강조한 책이 대부분이다. 그리고 아이의 수준에 비해 어렵거나 딱딱한 책이 많다.

아이 입장에서 이런 책은 맛없는 책이다. 이렇게 맛없는 책을 자꾸 권하면 아이는 책 빌리는 것 자체를 기피할 수도 있다. 책을 빌릴 때는 아이의 의견을 최대한 존중해야 한다. 가급적이면 아이가 읽고 싶은 책과 엄마가 권하는 책을 반반씩 섞어서 빌리는 것이 좋다.

맛있는 음식이 불량 식품이나 패스트푸드처럼 몸에 해로운 음식만을 의미하지 않듯, 맛있는 책이 만화나 판타지와 같은 책만을 의미하진 않는다. 맛있는 책은 어렵거나 딱딱하지 않으면서도 읽었을 때 감동이 밀려오는 책이다. 또한 표지나 삽화가 아름다워서 끌리고, 잔소리가 아닌데도 자기 자신을 되돌아보게 하는 책이다.

진정한 책 부자가 되려면

도서관에서 책을 빌려서 읽다 보면 빌린 책 가운데 아이가 유독 좋아하

는 책이 간혹 나오기 마련이다. 이런 책은 흔히 만날 수 있는 책이 결코 아니다. 백 권을 빌려도 한두 권 만날까 말까이다. 그렇기 때문에 이런 책은 구입해서 평생 소장하는 것이 좋다. 책을 구입해서 소장할 때는 책의 맨 앞장에 구입 날짜, 구입한 곳, 왜 이 책을 샀는지 그 이유에 대해 아이가 직접 간단히 기록하게 하면 좋다. 그러면 나중에 책을 다시 보게 되었을 때 간단한 메모를 통해 추억 속으로 빠져들 수 있을 뿐만 아니라, 그 책에 대해 훨씬 더 큰 친밀감을 가질 수 있게 된다.

그저 책을 많이 가진 사람이 아닌, 평생 소장 가치가 있는 책을 많이 가진 아이가 진정한 책 부자이다. 책 부자인 아이치고 책을 읽지 않는 아이는 없다.

••• 책을 특별하게 소장하는 방법. 책을 구입한 다음 맨 앞장에 구입 날짜, 구입한 곳, 구입한 동기, 한 줄 느낌 등을 기록해두면 나중에 더 재미있게 책을 볼 수 있다.

도서관 친구를 사귄다

———

'빨리 가려면 혼자 가고, 멀리 가려면 같이 가라'는 말은 책읽기에도 동일하게 적용할 수 있다. 아이가 지속적으로 즐겁게 책을 읽기를 바란다면 도서관 친구를 한두 명 정도 사귀게 하는 것이 좋다. 도서관 친구를 만들려면 도서관에 자주 가야 한다. 자주 가는데 자주 마주치는 친구가 있다면 이런 친구는 책 친구로 손색이 없다. 가끔 책 친구에게 감동적으로 읽은 책을 선물하고, 또 선물 받는다면 이보다 더 좋은 친구를 찾기는 힘들 것이다. 수많은 친구 중 책 친구가 가장 오래간다는 말이 있다. 같은 책을 읽는다는 건 정신세계가 비슷해진다는 이야기이다. 정신세계가 비슷해지면 말이 잘 통하게 되고, 결국에는 서로 마음이 통하게 된다. 도서관 친구야말로 책을 매개로 자연스럽게 가까워질 수 있고, 평생 좋은 친구로 남을 수 있다.

다양한 도서관 행사에
참여한다

———

요즘 도서관은 과거의 독서실처럼 하루 종일 시험공부를 하거나 책만 주구장창 읽는 공간이 더 이상 아니다. 다채로운 독서 관련 행사가 펼쳐지는 문화 공간이다. 도서관에서는 백일장, 원화 전시회, 작가와의 만남, 도서 벼룩시장과 같이 책과 관련된 여러 가지 행사가 1년 내내 열린다. 이런 행사에 가능한 한 자주 아이를 데려가면 좋다. 그러면 아이는 재미있는 행사에 참여하면서 도서관을 참 즐거운 곳이라고 인식하게 된다. 더불어 책읽기는 참 좋고 의미 있는 활동이라고 생각하게 된다. 사람은 자주 가는 곳을 익숙하게 생각하고, 익숙해지면 누가 말하기도 전에 자주 가려고 한다. 어릴 때부터 엄마와 함께 도서관 행사에 자주 참여한 아이에게 도서관은 익숙하면서도 즐거운 곳이다. 이런 아이에게 도서관은 결코 특별한 곳이 아니다. 그저 놀이터처럼 자주 가는 일상적인 곳일 뿐이다.

다음은 아이와 함께 가볼 만한 서울시내 도서관 리스트이다.

도서관명	전화 번호	홈페이지 주소
국립중앙도서관	02-590-0500	www.nl.go.kr
국립어린이청소년도서관	02-3413-4800	www.nlcy.go.kr
국회도서관	02-788-4211	www.nanet.go.kr
서울시청도서관	02-2133-0300	lib.seoul.go.kr
서울시립어린이도서관	02-731-2300	www.childrenlib.go.kr
남산도서관	02-754-7338	nslib.sen.go.kr
정독도서관	02-2011-5799	jdlib.sen.go.kr
동대문구정보화도서관	02-960-1959	www.l4d.or.kr
송파어린이도서관	02-418-0303	www.splib.or.kr
코엑스별마당도서관	02-6002-3031	www.starfield.co.kr/coexmall/entertainment/library.do

서울특별시교육청 어린이도서관	02-731-2300	http://childlib.sen.go.kr
아리랑어린이도서관	02-3291-4992	www.sblib.seoul.kr/arclib

도서관 사서와
친하게 지낸다

학교 도서관을 참새가 방앗간 들르듯 매일 들르는 아이들이 있다. 물론 대부분은 책이 좋아서 방문하지만, 개중에는 도서관 사서가 좋아서 방문하는 아이들도 있다. 도서관 사서와 친하게 지내다 보니 매일 도서관에 가는 것이다. 아이가 도서관에 자주 가길 바란다면 도서관 사서와 친분을 쌓게 하는 것 또한 좋은 방법이다.

부모로서 학교를 방문하게 된다면 담임교사만 만나지 말고 도서관 사서도 만나보자. 그래서 도서관 사서와 안면을 트고 자녀의 독서 상담을 해보자. 부모가 쏟는 관심만큼 사서도 역시 자연스럽게 아이에 대해 관심을 갖고 지켜볼 것이다. 어찌 보면 사서가 담임교사보다 아이의 정신세계에 더 큰 영향을 끼칠 수 있다. 담임교사는 길어봤자 1년이지만, 사서는 6년 동안 아이와 함께할 수 있기 때문이다.

도서관에 가는 날을
정한다

———

무엇이든 우선순위에 놓지 않으면 뒤로 밀리기 마련이다. 도서관 방문 역시 우선순위에 놓지 않으면 다른 일에 떠밀려 한 달에 한 번 가는 것조차도 쉽지 않다. 사실 도서관은 일주일에 한 번 정도 요일을 정해놓고 가는 것이 좋다. 주말마다 마트나 백화점에서 장을 보듯이 도서관 방문도 정례화하면 효과적이다. 마트에 한 번 가야 하는 걸 안 가면 냉장고가 텅텅 비듯이 도서관도 한 번 가야 하는 걸 안 가면 내 아이의 영혼 창고가 텅텅 빈다는 심정으로 꼬박꼬박 가야 한다. 어린 시절부터 이런 습관을 들이면 나중에는 엄마가 굳이 말하지 않아도 아이가 먼저 도서관에 왜 안 가느냐고 엄마 손을 잡아끌 게 분명하다.

새 책은 독서 의욕을
불러일으키는 마중물이다

학교 교실의 학급 문고가 가장 인기일 때는 새 책이 들어왔을 때다. 이때는 평소에 책을 별로 좋아하지 않았던 아이들까지 달려들어 서로 책을 보려고 난리가 난다. 무엇보다 새 책이 아이의 독서 의욕을 불러일으키는 마중물인 셈이다. 아이들은 도서관에서 책을 빌려 읽을 때보다 새책을 사서 읽을 때 더 잘 읽는다. 도서관에서 빌린 책이 전셋집이라면 구입한 책은 자기 집이라 할 수 있다. 전셋집에 살면 마음껏 꾸미거나 고칠 수 없다. 빌린 책도 똑같다. 빌린 책은 밑줄을 그을 수도 없고, 책장을 접을 수도 없다. 책을 깨끗하게 봐야 한다는 강박관념이 우리의 뇌를 경직시켜 적극적인 독서를 방해하는 것이다. 그러므로 부모가 여유가 된다면 가급적 책은 사서 읽히면 좋다.

보유 장서가
학업성취도를 결정한다

좋은 대학인지 아닌지를 분류하는 기준은 여러 가지가 있겠지만, 대개는 대학도서관이 소장한 장서가 그 대학의 수준을 말해준다. 우리나라에서 가장 많은 장서를 소장한 서울대는 장서의 총합이 500만 권 정도이다. 이에 반해 중국의 베이징대는 660만 권, 일본의 도쿄대는 950만 권, 영국의 옥스퍼드대는 1, 200만 권이다. 심지어 하버드대는 2,000만 권이 넘는다. 대학 순위가 도서관의 보유 장서와 비례하는 것이 결코 우연은 아닐 것이다. 대학뿐 아니라 가정도 마찬가지이다. 조금 오래된 통계이긴 하나, 2002년 한국교육과정평가원이 실시한 전국학업성취도평가 결과를 분석한 보고서에는 재미있는 내용이 있다. 집에 보유한 책이 많을수록 자녀의 성적도 그에 따라서 좋아진다는 것이다. 이 연구에 따르면 보유 장서가 10권이 채 되지 않는 가정 내 초등학생의 국어 평균 점수는 54.9점인데 반해, 200권 이상인 가정의 학생 평균 점수는 71.8점인 것으로 나타났다.

'네 보물이 있는 곳에 네 마음이 있다'라고 했다. 자녀에게 책 사주는 돈을 아깝게 생각한다면 책읽기가 별로 중요하지 않다는 뜻이 아닐까? 아이가 살아가는 삶의 공간을 책의 향기로 가득 채워주자. 책을 사서 방에 쌓아두면 책 읽는 분위기를 만들 수 있다. 외면적인 것이긴 하지만 이것이 쌓이고 쌓이면 아이의 무의식 속에 '책이란 내 삶에서 빼놓을 수 없는 소중한 것이구나'라는 생각이 자리하게 된다.

아이와 함께 서점에 간다

아이들 중 몇몇은 백화점 가는 일을 참 좋아하고 즐긴다. 엄마를 따라서 백화점에 자주 가보았기 때문이다. 하지만 서점에 가는 일을 굉장히 낯설어 하는 아이들이 있다. 엄마와 함께 서점에 가본 경험이 거의 없기 때문이다. 사람은 무엇이든 자주 하는 것에는 익숙해지기 마련이고, 자주 하지 않는 것에는 낯설어지기 마련이다. 익숙해지면 그 일이 아무리 어렵더라도 쉽게 느껴진다. 부모라면 누구나 서점에 가는 일을 아이에게 익숙한 일로 만들어줘야 한다. 서점에 가는 날과 아이가 좋아하는 것을 적절히 연계시켜 아이가 그날을 손꼽아 기다리게 하는 것이 좋다. 예를 들어 아이가 아이스크림을 좋아한다면 서점에 갔다 오면서 아이스크림을 사 먹거나, 아이가 영화를 좋아한다면 영화를 한 편 보여주는 것이다. 사람은 긍정의 강화나 보상이 있는 대상을 좋은 기억으로 간직하는 경향이 있다.

도서 구입의 8가지 원칙

원칙1. 베스트셀러보다는 스테디셀러를 사준다

새 책을 사줄 때 많은 부모들이 가장 손쉽게 선택하는 방법으로 베스트셀러를 사준다. 하지만 베스트셀러는 많이 팔리는 책일 뿐이지, 모두 좋은 책은 아니다. 내용이 좋아서 많이 팔릴 수도 있겠지만, 마케팅의 힘에 의해 많이 팔리는 경우도 빈번하다. 보통 독자들은 이를 정확하게 알 도리가 없다. 켜켜이 쌓인 긴 시간만이 이를 제대로 알고 있을 뿐이다. 시간이라는 필터를 통과한 책은 내용이 유익하며 특별한 힘까지 갖고 있다. 따라서 시간의 거름망을 통과한 책인 스테디셀러를 되도록 먼저 구입해서 읽히는 편이 지혜로운 부모의 선택일 것이다.

원칙2. 아이와 직접적으로 연관이 있는 주제와 소재를 선택한다

대부분의 1학년 아이들은 『학교에 간 개돌이』라는 책을 굉장히 좋아한다. 이 책은 학교에 강아지와 함께 가면 어떤 일이 벌어질지를 상상해서 강아지의 시각으로 쓴 책이다. 아이들이 이 책을 좋아하는 이유는 단 한 가지다. 책이 자신들의 삶과 직접적으로 관련이 있는 소재를 다뤘기 때문이다. 학교, 친구, 부모, 동생, 동물, 똥, 공룡 등은 대다수 아이들이 관심 있어 하는 소재들이다. 부모의 시각으로만 책을 사주면 아이의 흥미가 떨어질 수 있다는 사실을 기억해야 한다.

원칙3. 난이도를 충분히 고려한다

오랫동안 책을 읽게 하기 위해서 아이 수준에 비해 너무 어려운 책을 구입하는 부모들이 있다. 이런 책들은 아이의 외면을 받기 십상이다. 책장을 채우는 장식품으로 전락하다가 나중에 그냥 버려질 확률이 높다. 책은 나중에 쓰기 위해 모으는 물건이 아니다. 한 페이지에 모르는 어휘가 서너 개 정도 나오면 아이가 읽기에 적당한 책이다. 반면, 한 페이지에 모르는 어휘가 한 개도 없는 책은 아이에게 너무 쉬운 책이다. 모르는 어휘가 다섯 개 이상 나오면 아이에게 너무 어려운 책이니 가급적이면 피하도록 한다.

원칙4. 옷을 사듯이 책을 사준다

어떤 사람들은 옷장에 옷이 이미 가득한데도 때가 되면 새 옷을 산다. 입을 옷이 없기 때문이다. 아이들도 충분히 그럴 수 있다. 책장에 책이 가득하더라도 때가 되면 책을 사야 한다. 읽을 책이 없기 때문이다. 모든 옷을 마르고 닳도록 입지는 않는다. 어떤 옷은 단 한 번도 제대로 입지 않고 옷장에 넣어두었다가 버린다. 하지만 어떤 옷은 마르고 닳도록 입는다. 책도 마찬가지이다. 읽지도 않은 채 버려지는 책이 있는 반면, 마르고 닳도록 읽는 책도 있다. 그리고 옷을 살 때는 내년에 입을 옷까지 한꺼번에 사진 않는다. 그때그때 한두 벌씩 산다. 책도 옷처럼 이렇게 구입하는 것이 좋다.

원칙5. 인테리어를 위해 책을 구입하지 않는다

많은 부모들이 새 책을 살 때 전집을 들이는 걸 좋아한다. 이는 정말 진지하게 생각해볼 문제이다. 책은 장식품이 아니다. 책장에 가지런히 잘 꽂히는 전집은 부모 마음에만 위안이 될 뿐, 아이에게는 별로 도움이 되지 않을 수도 있다. 물론 책을 굉장히 좋아하는 아이들한테는 전집이 아주 유용하다. 하지만 책을 좋아하지 않는 아이들한테는 그야말로 장식품에 지나지 않을 확률이 높다. 따라서 전집은 아이의 독서 습관에 따라 구입하는 것이 바람직하며 효율적이다.

전집에 대하여

단행본은 독자적인 의미를 지닌 낱권의 책인 반면, 전집은 한 가지 목적을 전달하기 위해 많은 권수로 발행된 테마 중심의 도서 묶음이다. 일반적으로 7살 정도까지는 전집 중심의 책이 좋고, 10살 정도까지는 전집과 단행본을 혼용해서 읽는 것이 효과적이며, 11살 이후에는 단행본 중심의 책읽기가 적절하다고 알려져 있다. 전집류 구입을 지극히 꺼리는 부모들도 있는데 그럴 필요까지는 없다. 단행본과 비교해 전집만이 가진 여러 가지 장점도 많으니 말이다. 전집의 장점을 알고 대처를 잘한다면 단행본보다 더 풍성한 독서 지도를 할 수 있다.

전집의 장점

1. 책을 골라야 하는 엄마의 수고를 많이 덜 수 있다. 책을 별로 읽지 않는 아이라면 모르겠지만 책을 좋아하는 아이라면 하루에도 몇 권씩 읽기 때문에 단행본만으로 아이의 책을 공급하기란 거의 불가능에 가깝다. 책을 좋아하는 아이의 독서 욕구와 속도를 충족시키는 데 전집만 한 것이 없다. 독서력이 왕성한 아이들일수록 특히 전집이 유용하다.

2. 아이의 독서 편식을 줄일 수 있다. 단행본 위주로 고르다 보면 아무래도 부모나 아이의 취향에 맞는 책만을 골라 읽기 쉽다. 하지만 전집을 구입하면 특별히 관심이 없던 책까지 볼 수 있게 되는 장점이 있다.

3. 한 분야에 대한 깊고 넓은 식견을 가질 수 있다. 전집은 문학, 역사, 수

학, 사회, 전래동화, 위인과 같이 다양한 분야별로 출간된다. 어떤 분야의 전집을 처음부터 끝까지 집중해서 읽으면 그 분야에 대한 식견이 깊어지고 넓어질 수 있다.

전집에 대처하는 부모들의 자세

1. 처음 전집을 구입할 때 가장 중요한 것은 아이의 관심이다. 아이가 과학에 관심이 있다면 그 분야의 전집을 사주는 게 바람직하고 문학에 관심이 많다면 역시 그 분야의 전집을 사주는 게 바람직하다. 아이가 전혀 관심도 없는데 엄마 욕심에 위인전이나 백과사전과 같은 전집을 사주는 일은 삼가야 한다.

2. 본전 생각을 하지 말아야 한다. 전집은 보통 한 질당 10만 원 이상씩 하므로 대부분의 부모들은 큰맘을 먹고 사준다. 그렇기 때문에 많은 부모들이 전집을 사면 반드시 읽혀야 한다는 사명감에 불타오른다. 전집에 있는 책을 한 권도 빠짐없이 다 읽어야 본전을 뽑았다고 생각하기 때문에 아이가 책을 읽지 않으면 다그치기 마련이다. 이런 과정에서 아이는 전집에 대한 트라우마가 생길 수 있다. 전집에서 절반 정도만 읽어도 본전이라고 생각하는 자세가 필요하다.

3. 중고 시장을 잘 활용한다. 일단 전집을 사주면 아이가 몇 년 동안 읽을 것만 같지만 현실은 그렇지 않다. 아이들의 성장은 생각보다 빠르며 관심 분야도 계속 바뀌기 때문이다. 그러므로 꼭 새 전집을 사야 한다는 생각을 내려놓고 중고 시장을 적극 활용한다. 중고 시장에도 새 책이나 다름없는 책들이 즐비하기 때문에 잘만 활용하면 얼마든지 저렴한 가격으로 질 좋은 전집을 구입할 수 있다.

다음은 초등학교 저학년이 읽으면 좋을 만한 전집 리스트이다.

전집명	출판사	특징
생각통통 명작문학(70권)	헤르만헤세	그림책에서 본격 읽기 책으로 넘어가는 단계의 아이들을 위한 명작 문학
한국대표 순수창작동화(64권)	통큰세상	100년 동안 한국 문학을 대표한 작가들의 주옥같은 작품만을 엄선해 수록
온고지신 우리고전문학(52권)	톨스토이	우리 고전문학을 아이들 눈높이에 맞춰 소개한 전집
옹기종기 교과서 세계전래동화 (52권)	톨스토이	세계 50개국의 전래동화 100편을 대륙별로 소개한 전래동화 전집
역사똑똑 삼국유사(38권)	통큰세상	유치원생부터 초등 저학년 아이들이 읽기 쉽게 편성된 역사 전집
광개토대왕 이야기 한국사(68권)	헤르만헤세	상고사부터 근현대사에 이르는 방대한 역사를 재미있는 이야기로 꾸민 전집
지식똑똑 큰인물 탐구(82권)	통큰세상	주제별로 위인을 분류해 우리나라와 외국의 위인을 아이들 눈높이에 맞게 소개한 위인 전집
개념씨 수학나무(61권)	그레이트북스	어려운 개념을 알기 쉬운 스토리텔링 형식으로 풀어놓은 수학 전집
EQ 세계추리 SF문학(52권)	톨스토이	어린이들이 쉽고 재미있게 추리와 SF 장르를 읽을 수 있게 구성된 전집
교과서 으뜸 사회탐구(80권)	헤르만헤세	초등학생이 접하는 사회 현상과 원리를 동화 형식으로 소개한 전집

원칙6. 책을 살 때 부모가 읽을 책도 함께 산다

책을 살 때 아이 책만 달랑 사지 말고 부모가 읽을 책도 꼭 함께 산다. 아이 책은 열심히 사들이면서 정작 부모 책은 사지 않는 경우가 대부분이다. 이는 암암리에 '엄마 아빠는 책도 안 읽으면서 나한테만 읽으라고 하네'와 같은 인식을 심어줄 우려가 있다. 우리나라 성인의 반 이상이 1년 동안 단 한 권의 책도 사지 않는다고 한다. 자녀에게 책 읽는 습관을 길러주고 싶은 부모라면 최소한 여기에는 포함되지 않아야 한다.

원칙7. 특별한 날엔 아이에게 책을 선물한다

생일이나 어린이날 등과 같이 특별한 날을 맞이해 책을 선물하는 일은 각별한 의미를 지닌다. 아이에게 책에 대한 흥미를 불러일으킬 뿐만 아니라, 이때 선물한 책은 두고두고 특별한 책이 되어 아이가 꼭 읽어보게 되기 때문이다. 무엇보다 책 선물의 가장 좋은 점은 부모가 책을 중요하게 여긴다는 암묵적인 가르침이 전해질 수 있다는 것이다. 대강의 줄거리를 말해 호기심을 유발하거나, 왜 그 책을 선물했는지 말해준다면 아이는 더욱 좋아할 것이다. 그리고 책의 맨 앞장에 축하 메시지 등을 간단히 적어준다면 아이는 평생 그 책을 소중하게 여길지도 모른다.

다만 책을 좋아하는 아이들에게는 책이 더없이 좋은 선물이지만, 그렇지 않은 아이들에게는 오히려 역효과가 날 수 있다. 자기가 받고 싶은 장난감이나 게임기 등을 사주지 않는다고 난리를 피울 수 있다. 이런 아이들에게 책을 선물할 때는 다른 선물에 끼워 덤으로 주는 방식을 사용해야 효과를 거둘 수 있다. 그래야지만 아이는 별다른 불만 없이 나중에라도 그 책을 읽게 된다.

원칙8. 새 책만 고집하지 않는다

책을 사줄 때 꼭 새 책만을 사줘야 하는 것은 아니다. 중고책도 얼마든지 좋고 경우에 따라서는 새 책보다 중고책이 더 좋을 수 있다. 무엇보다 중고책은 새 책에 비해 저렴하게 구입할 수 있어 가성비가 아주 좋다. 이런 장점 외에도 중고책은 이전 책 주인이 읽었던 흔적을 발견하는 재미도 느낄 수 있다. 중고책을 읽다가 밑줄 쳐진 곳을 발견하면 '이곳에 왜 밑줄을 그었을까?'를 생각하게 만든다. 책 중간에 메모라도 발견하면 남이 쓴 연애편지를 몰래 읽는 듯한 묘한 느낌이 들기도 한다. 중고책이 아니라면 이런 소소한 즐거움은 꿈꿀 수 없다.

필자는 예전에 직장에서 가까운 '고구마'라는 유명한 헌책방을 가끔씩 들르곤 했다. 그 책방에서 나던 퀴퀴한 종이 냄새를 아직도 기억하고 있다. 헌책방들은 묘한 분위기와 냄새가 있기 마련이다. 이런 분위기를 느껴보고 냄새를 맡아본 아이와 그렇지 않은 아이는 다른 세계에서 살아가기 마련이다. 책 구입의 색다른 경험을 원한다면 아이 손을 붙잡고 헌책방 나들이를 해보길 추천한다.

05

책 읽는 부모, 책 읽는 아이

책 읽는 아이로 만들려면 최대한 많은 책을 아이의 시선이 닿는 곳에 두는 것이 좋다. 아이들은 시각적인 자극에 매우 민감하고 영향을 많이 받아 책이 눈에 많이 띄면 띨수록 자연스럽게 읽을 수 있기 때문이다. 부모의 모습도 이와 다르지 않다. 아이 눈앞에 보이는 부모는 가장 강력한 시청각 자료이다. 아이는 부모를 보면서 배운다. 아무리 부모라도 자신이 갖지 않은 것을 자녀에게 줄 수는 없는 법이다. 부모가 책을 읽지 않는데 어떻게 자녀가 책을 읽기를 바라겠는가?

부모의 태도가
자녀의 독서량에 미치는 영향

부모들에게 책을 읽지 않는 이유를 물어보면 거의 대부분이 '시간이 없어서'라고 얼버무리며 대답한다. 하지만 세상에 시간이 남아도는 사람은 아무도 없다. 우선순위의 문제일 뿐이다. 부모가 책을 읽느냐 읽지 않느냐의 문제는 부모에게서 끝나는 것이 아니라 자녀에게 절대적인 영향을 끼친다.

2008년 조미아 박사가 진행한 「초등학생 학부모의 자녀 독서 활동 개입에 관한 연구」에서 흥미로운 내용을 찾아볼 수 있다. 우리는 흔히 부모의 학력이 높으면 자녀의 독서량도 많을 것이라고 생각하지만, 이 연구에서 부모의 학력과 자녀의 독서량은 아무런 관계가 없었다. 오히려 학력보다는 '부모가 독서에 대해 얼마나 관심을 갖고 적극적이냐'에 따라 자녀의 독서량에서 현격한 차이가 났다. 책읽기에 적극적인 부모의 자녀들 중 40.7퍼센트가 일주일에 3권 이상 책을 읽은 반면, 책읽기에 소극적인 부모의 자녀들 중 같은 양의 책을 읽는 비율은 29.2퍼센트에 불과했다. 학력이 아무리 높아도 부모가 집에서 책을 읽지 않으면 아이도 집에서 책을 읽지 않는다는 말이다. 반대로 학력이 낮더라도 부모가 집에서 책을 읽으면 아이도 따라서 책을 읽는다는 말이다. 한마디로 부모가 책을 읽으면 자녀도 책을 읽고, 부모가 책을 읽지 않으면 자녀도 절대 책을 읽지 않는다는 말이다.

러시아의 언어학자 비고츠키(L. S. Vygotsky)가 "아이들의 지적 삶은 주변 어른들이 결정한다"라고 했듯, 아이가 지적으로 얼마만큼 수준 높은 삶을 살아갈지는 전적으로 주변 어른인 부모에게 달려 있다. 책을 읽지 않으면 항상 다람쥐가 쳇바퀴를 돌리는 것 같은 일상적인 대화만 하게 된다. 하지만 책을 읽는다면 대화의 내용은 달라지고 풍성해질 수 있다.

결국 아이는
부모의 독서 습관을 닮는다

———

필자가 근무하는 학교는 독서를 장려하기 위해 다독상을 준다. 저학년의 경우 한 학기 동안 100권 이상 읽은 어린이들에게 최고상인 세종대왕상을 주고, 고학년은 한 학기 동안 70권 이상 읽은 어린이들에게 세종대왕상을 수여한다. 그런데 세종대왕상을 받는 비율을 보면 흥미롭다. 저학년 아이들의 세종대왕상 수상 비율은 굉장히 높다. 반에 따라 약간 격차가 있긴 하지만 거의 70퍼센트 이상의 아이들이 상을 수상한다. 하지만 고학년은 세종대왕상을 수상하는 인원이 30퍼센트도 채 되지 않는다.

저학년 때는 그렇게도 열심히 책을 읽던 아이들이 다 어디로 간 것일까? 조사해보니 고학년 때도 저학년 때처럼 열심히 책을 읽는 아이들은 대부분 부모님이 집에서 책을 읽는 아이들이었다. 부모님이 집에서 책을 안 읽는 아이들은 대부분 3, 4학년이 되면서 부모를 따라 책을 읽지 않게 된다. 얼굴만 부모를 닮는 것이 아니라 독서 습관도 부모를 그대로 닮는 것이다.

몇 해 전, 6학년 아이들을 지도할 때 사춘기에 접어든 한 남자아이가 자기한테 책 읽으라고 다그치는 부모를 향해 볼멘소리를 하던 기억이 아직도 생생하다.

"자기들은(엄마 아빠)은 책 안 읽으면서 나한테는 책 읽으래요. 이게 말이 돼요?"

우리들의 행복한 가족 독서 시간

부모들 중에 자신들은 책을 열심히 읽는데 아이가 읽지 않는다고 말하는 분들이 있다. 이런 경우는 도대체 무엇이 잘못된 걸까? 분명 부모가 먼저 책을 열심히 읽어서 모범을 보이는데도 자녀가 책을 읽지 않는 안타까운 상황이다. 드물긴 하지만 이런 상황을 미연에 방지하려면 가족 독서 시간을 만드는 게 좋다. 무엇이든 혼자 하면 나태해지기 마련이다. 그럴수록 누군가와 함께하면 점점 나태해지는 마음도 추스를 수 있고, 강한 실천력이 발휘될 수도 있다. 독서 습관이 아이의 몸에 완전히 밸 때까지는 모든 가족이 한자리에 모여 함께 책 읽는 시간을 가지면 좋다. 아이가 어릴 때부터 이런 시간을 꾸준히 가지면 책읽기는 가족의 오랜 전통이 되어 아이가 성장한 후에도 쉽게 지속할 수 있다.

가족 독서 시간은 너무 욕심을 부리면 안 된다. 하루에 단 10분이라도 매일매일 일정 시간을 가족 독서 시간으로 만드는 게 좋다. 하루 10분이 보기엔 쉬워 보여도 정작 해보면 쉽지 않다는 걸 알 수 있을 것이다. 시간적 여유가 있는 주말에는 하루 30분 정도를 가족 독서 시간으로 삼는다. 아이의 집중력이나 가족의 처지와 형편에 따라 시간은 융통성 있게 조절하면 된다. 그리고 가족 독서 시간은 모든 활동을 중단하고 지정된 장소에 모여 실시하는 것이 좋다. 책은 각자가 좋아하는 책을 읽는 것이 일반적이지만, 일주일에 하루 정도는 같은 책을 읽으면서 일체감을 형성하고 서로 대화를 해보는 것도 가족 모두에게 도움이 된다. 마지막으로 가족 독서 시간을 마칠 때는 바로 끝을 내기보다는 읽은 책에 대해 한마디씩 하는 간단한 북 토크를 하면 좋다. 읽은 책을 소개하거나 소감 등을 간략하게 말하는 것이다. 이때 아이가 부담스러워 한다면 엄마와 아빠만 하면 된다. 그러면 언젠가 아이도 자연스럽게 참여할 것이다.

흐릿한 기록이
뚜렷한 기억을 이긴다

책을 읽기만 하고 아무런 흔적도 남기지 않으면 정말 허무하다. 나중에는 내가 그 책을 읽었는지 안 읽었는지도 기억이 나질 않는다. 책을 읽으면서 꼭 길러야 할 습관 중 하나가 책을 읽은 다음 흔적을 남기는 일이다. '흐릿한 기록이 뚜렷한 기억보다 낫다'라는 말의 의미를 곱씹어 볼 필요가 있다. 특히 책을 읽을 때 이 말의 의미는 더욱 크게 다가온다. 책을 읽고 흔적을 남기지 않으면 그 책은 우리 기억 속에서조차 흔적을 남기지 못한다. 어떤 형태로든 내가 읽은 책에 대해 기록을 남기는 것이 머릿속으로만 기억을 하는 것보다 더 낫다.

단 한 줄만이라도 써본다

———

책을 읽은 다음 그 책에 대해 단 한 줄만이라도 써보는 것이 꼭 필요하다. 이렇게 써볼 때 우리의 뇌가 가장 많이 활성화되고, 가장 많은 생각이 떠오르기 때문이다. 생각하는 것 역시 습관이고 훈련이다. 자꾸 생각하지 않으면 우리의 뇌는 생각하는 것을 싫어하고 거부하게 된다. 하지만 자꾸 생각하는 습관을 들이면 생각의 범위가 넓어지고 깊어진다. 물론 책을 읽는 중간에도 당연히 생각은 하기 마련이다. 하지만 책을 읽은 후, 그 책에 대해 한 줄이라도 적어보려고 할 때 가장 많은 생각을 하게 되어 있다. 그래서 단 한 줄만이라도 적어보는 것이 그토록 중요한 것이다.

책을 많이 읽는다고 해서 무조건 글을 잘 쓸 수 있는 것은 아니다. 책을 많이 읽는 것이 글을 잘 쓰기 위한 필요조건은 될 수 있을지 몰라도 충분조건은 되지 않는다. 글을 잘 쓰는 사람은 사고력이 뛰어난 사람이다. 이러한 사고력은 책을 읽은 다음 한 줄이라도 적어보려고 할 때 샘솟는다. 이 과정을 반복하면 할수록 사고력은 향상되고, 사고력이 향상되면 자연스럽게 글도 잘 쓸 수 있다. 그러니 책읽기를 통해 글쓰기 능력을 향상시키고자 한다면 글을 읽고 단 한 줄만이라도 써보게 하라. 글쓰기에는 왕도가 없다. 많이 써보는 방법만이 글을 잘 쓸 수 있게 되는 유일한 길이다. 글쓰기 관련 책 100권을 섭렵한다고 해도 글쓰기 실력은 쉽게 늘지 않는다. 미숙한 글일지라도 직접 써보는 것만 못하다.

간단하게라도 기록한다

아이들에게 책읽기가 싫은 이유를 말해보라고 하면 '독서 감상문을 쓰기 싫어서'라고 반 이상이 대답한다. 슬프기는 하지만 엄연한 현실이다. 그렇다고 책만 주구장창 읽히고 독후 활동을 전혀 안 하게 할 수는 없다. 책을 읽은 다음에 그 어떤 독후 활동도 하지 않는다는 건 아주 좋지 않은 독서 습관을 방조하는 꼴일 뿐이다. 물론 책을 읽고 매번 독후 활동을 하기란 현실적으로 어렵다. 하지만 책을 읽었다면 꼭 해야 하는 활동이 있다. 자신이 읽은 책을 꾸준히 기록하는 것이다. 나중에 이 기록은 개인한테 없어서는 안 될 중요한 독서 이력서가 된다. 다음은 독서 기록의 간단한 예시다.

번호	도서명	저자	읽은 날짜	종류	추천지수	한 줄 소감
1	『아낌없이 주는 나무』	셸 실버스타인	2018.11.01	동화	5	아낌없이 주는 나무의 아낌없는 사랑에 눈물이 났다.

독서 기록을 할 때는 누구나 쉽게 알 수 있는 내용 정도만 포함시키면 된다. 사람에 따라 기록 내용은 조금씩 달라질 수 있지만, 기본적으로 도서명, 저자, 읽은 날짜, 한 줄 느낌 정도는 반드시 기록하는 것이 좋다. 그리고 읽은 책을 다른 사람에게 얼마만큼 권하고 싶은지 추천 지수를 1부터 5까지 매기게 하면 아이가 그 책을 얼마나 중요하게 생각하

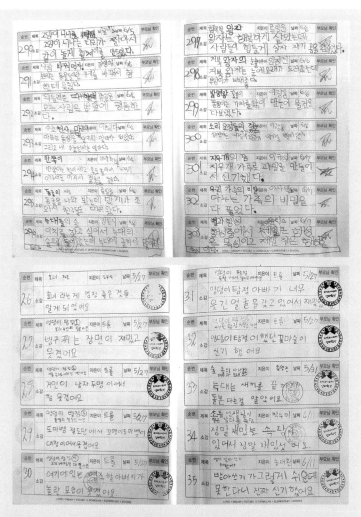

••• 다양한 독서 기록의 방법. 독서 기록을 하는 방법은 정해져 있지 않다. 간단한 기록, 줄거리 쓰기, 그림 그리기, 생각 적기 등 아이가 하고 싶은 대로 마음껏 할 수 있도록 분위기만 조성해주면 된다.

는지를 알 수 있다. 이러한 기록이 별것 아닌 것처럼 보여도 1학년의 경우 하루에 읽는 책의 권수가 많다 보니 이만큼 꾸준하게 기록하기란 결코 만만치 않다. 초등학교 1학년 때부터 조금씩 독서 이력을 남기면 이것은 나중에 엄청난 기록이 된다. 우리는 어떤 사람의 뿌리를 알고 싶을 때 그 사람의 족보를 살펴본다. 마찬가지로 어떤 사람이 가진 생각을 알려면 그 사람이 지금까지 읽어온 책의 이력을 살펴보면 된다. 꾸준히 기록한 독서 이력은 단순한 기록 그 이상의 의미를 지닌다. 그 사람의 정신세계 지도에 해당하는 귀한 자료이기 때문이다. 이러한 독서 이력은 추후 상급 학교에 진학할 때 매우 소중한 첨부 자료가 될 수 있다. 만약 아직까지도 독서 이력을 관리하지 않고 있다면 지금 당장 공책 한 권을 준비해 기록을 시작하게 하자. 아이는 날마다 채워지는 독서 기록장을 보면서 무한한 성취감을 느끼게 될 것이다.

책등에 스티커를 붙인다

———

독서 기록이라고 해서 꼭 글로 쓸 필요는 없다. 독서 기록을 자신이 읽은 책이 무엇인지 표시하는 것 정도로 생각한다면 더욱 그렇다. 특히 미취학 자녀나 1학년 아이들이 독서 기록을 할 때면 대부분의 부모들은 신경을 바짝 곤두세운다. 이때 사용할 수 있는 좋은 방법 중 하나가 바로 '책등에 스티커 붙이기'이다.

'책등에 스티커 붙이기'는 자신이 읽은 책의 책등에 동그란 스티커를 붙이는 것을 말한다. 책등에 스티커 붙이기는 일종의 연필로 쓰지 않는 독서 기록이라고 할 수 있다. 이 방법은 아주 간단하면서도 효과 만점이다.

미취학이나 1학년 아이들은 경쟁심이 대단히 강한 데다 스티커 붙이기를 굉장히 좋아한다. 이런 아이들에게 다 읽은 책의 책등에 스티커를 붙이라고 하면 아주 신이 나서 한다. 형제자매가 있는 경우에는 서로의 스티커 색깔을 다르게 하면 된다. 어떤 책을 한 번 읽을 때마다 스티커를 한 개씩 붙이게 한다. 그러면 열 번 이상 읽은 책에는 열 개의 스티커를 붙이게 되어 책등이 스티커로 도배가 될 것이다.

이처럼 다 읽은 책의 책등에 스티커를 붙이게 하면 여러 가지를 한 번에 확인할 수 있다. 우선 아이가 어떤 책을 읽었는지 금세 알아볼 수

••• 책등에 스티커를 붙인 모습. 아이가 다 읽은 책의 책등에 스티커를 붙이면 부모는 아이의 독서 상황을 한눈에 알아볼 수 있다.

있다. 그리고 책등에 붙여진 스티커 개수를 통해 아이가 어떤 책을 가장 좋아하는지 쉽게 알 수 있다. 아마 아이에게 책장에 있는 모든 책에 스티커를 붙였을 때 큰 선물을 해준다고 하면 아이는 스티커를 붙이기 위해서라도 자신이 관심 없는 책까지 읽게 될 것이다.

혼자 하는 책읽기에서
함께하는 책읽기로

피아노 학원에 다니는 아이라면 외부 콩쿠르에 도전해보는 것이 실력 향상에 큰 도움이 된다. 태권도 학원에 다니는 아이도 역시 대회에 참가하는 것이 실력 향상으로 이어질 수 있다. 어떤 대회에 나간다는 것은 아이에게 큰 자극이 된다. 대회 참가를 위해 준비하는 동안 아이는 부쩍 자라기 마련이다. 독서도 마찬가지이다. 그냥 책을 읽는 것보다는 가끔 독서 관련 대회에 참가하면 더욱 효율적으로 책을 읽을 수 있다. 그리고 대회에 한 번 참가하고 나면 아이가 크게 성장하는 것을 볼 수 있을 것이다.

아이가 독서 대회에 참가해서 상을 받게 되면 자신감뿐만 아니라 책읽기에 대해 더 큰 관심을 갖게 된다는 장점이 있다. 그리고 무엇보다 친구들로부터 인정을 받고 부러움을 사게 된다는 점도 무시할 수 없다. 그렇기 때문에 대회가 열린다면 적극적으로 참가해보는 것이 좋다. 참가하기로 마음먹었다면 참가에 의의를 두기보다는 최선을 다해 준비해서 좋은 결과를 얻을 수 있도록 노력하는 게 중요하다.

미리미리 준비하는 독서 대회

過去 독서 관련 대회는 백일장 정도로 매우 단순했지만, 시간이 흐르면서 점점 다양해지고 있다. 독서 감상문 쓰기 대회, 독서 감상화 그리기 대회, 책 표지 그리기 대회, 다독 경연 대회, 독서 퀴즈 대회, 독서 토론 대회, 독서 신문 만들기 대회 등이 그것이다.

　중요한 독서 대회를 놓치지 않으려면 도서관에 자주 드나들어야 한다. 도서관에 가면 독서 대회를 알리는 홍보 자료가 때마다 붙어 있다. 이런 홍보 자료를 참고해 아이가 나갈 만한 대회를 정한 다음에 준비하면 된다. 사서의 도움을 받아 대회 일정이나 규모를 파악하고 아이의 특성 등을 고려해서 미리미리 준비하면 좋은 결과를 얻을 수도 있다. 또 다른 방법은 학교 홈페이지나 가정 통신문 등을 자세히 살펴보는 것이다. 중요한 독서 대회의 경우 학교로 공문이 오고, 학교에서는 이런 공문을 참고해 학교 홈페이지나 가정 통신문을 통해 각 가정에 알린다. 특별히 중요하지 않은 독서 대회는 가정 통신문으로 보내지 않고 학교 홈페이지만을 통해 공지하는 경우가 더 많다. 따라서 학교 홈페이지를 자주 방문해 확인하는 것이 가장 바람직하다.

가장 중요한 건
아이의 의지

독서 대회 참가가 아이의 책읽기 욕구를 자극할 수도 있지만, 자칫하면 아이가 책읽기를 싫어하게 되는 계기로 작용할 수도 있다. 아이가 기꺼이 참여하고 결과가 좋아 상도 타면 일석이조의 효과를 볼 수 있지만, 부모의 강요에 의해 참여하고 결과도 좋지 않으면 아이는 책읽기에 대한 부정적인 감정을 형성하게 된다. 그러면 책읽기는 더 이상 즐거운 일이 아니라 부담스러운 숙제로 전락해버린다. 작은 것을 얻으려다 정작 큰 것을 잃어버리는 우를 범하는 꼴이다.

이런 과오를 미연에 방지하기 위해서는 독서 대회에 참가하기 전에 반드시 아이의 의사를 물어보면 된다. 아이들이 아무리 어리다고 해도 자신이 동의한 것과 그렇지 않은 것에 대해서는 태도가 다르기 마련이다. 그리고 대회 참가 시 과정을 즐기게 해야지 부모가 노골적으로 결과에 집착하는 모습을 보이면 역효과가 날 수 있다. 독서 대회에 참가하는 목적은 아이에게 책을 좀 더 잘 읽히기 위해서다. 주객이 전도되기 시작하면 가장 중요한 책읽기는 정작 산으로 갈 수 있다는 사실을 꼭 기억해야 한다.

다음은 꾸준히 책을 읽은 아이가 도전해볼 만한 독서 관련 대회 리스트이다.

대회명	주관사	문의처
청소년 북토큰 도서 독후감 대회	문화체육관광부 한국출판문화산업진흥원	02-337-4614 www.booktokens.or.kr
대통령상 전국 고전읽기 백일장 대회	국민독서문화진흥회	02-913-9582 www.readingnet.or.kr
박경리문학제 전국 청소년 백일장	토지문화재단	033-762-1382 www.tojicf.org
전국 초등학생 우수환경도서 독후감 공모대회	한국환경교육협회	02-571-1195 www.keea1981.or.kr
세종날 기념 글짓기 대회	세종대왕기념사업회	02-969-8851 www.sejongkorea.org
대한민국 편지쓰기 공모전	우정사업본부 한국우편사업진흥원	02-2036-0836 www.k-lettercontest.kr
전국 독서 올림피아드	동아일보 한우리독서문화운동본부	02-6276-2604 www.hanuribook.or.kr

4장

'많이'보다는
'제대로'
읽혀라

언젠가 2학년 아이들을 가르칠 때 정말 책을 열심히 읽는 아이를 본 적이 있다. 아이는 쉬는 시간이나 점심시간에도 놀지 않고 책을 읽었다. 처음에는 기특하다고 생각했다. 그런데 그 아이가 수업 시간에도 이리저리 눈치를 살피면서 틈만 나면 책을 읽는 것이었다. 하루는 안 되겠다 싶어 "아무리 책읽기가 좋아도 수업 시간에는 선생님 말을 잘 들어야지"라고 혼을 냈다. 그랬더니 아이는 훌쩍거리면서 "저도 별로 책을 읽고 싶지 않아요. 그런데 하루에 3권 이상 읽지 않으면 저녁마다 엄마한테 혼난단 말이에요"라고 말하는 것이었다. 어찌된 영문인지 알아보니 그 아이의 엄마는 독서를 굉장히 중요하게 여기는 사람이었다. 아이에게 책은 많이 읽혀야겠고, 자신은 직장을 다니느라 바쁘고, 그러다 보니 아이가 하루에 3권 이상 책을 읽었는지 밤마다 혹독하게 확인하는 것이었다. 아이는 책을 읽지 않으면 엄마한테 많이 혼이 나니까 울며 겨자 먹기 식으로 수업 시간에도 책을 읽었던 것이다. 아무리 좋은 일도 방향이 잘못되면 그만이다. 속도보다 더 중요한 것은 방향이다. 독서도 마찬가지이다. 독서가 그 자체로 중요한 만큼 더 방향을 잘 잡고 갈 필요가 있다.

잘못된 읽기

책읽기가 아무리 좋아도 아무 책을 아무렇게나 읽어도 좋다는 의미는 절대 아니다. 오히려 읽지 말아야 할 책을 읽고, 잘못된 방법으로 읽는 다면 차라리 읽지 않는 편이 훨씬 더 낫다. 자녀에게 책을 잘 읽히기 위해서는 자녀의 독서 습관부터 우선적으로 점검해봐야 한다.

만화책만 읽는 아이

만화책이 아이들에게 유익한지 아닌지는 전문가들 사이에서도 여전히 의견이 분분하다. 하지만 만화책은 대체로 폐해가 많으며 투자한 시간에 비해 효과가 별로 없다는 것에는 대부분 동의를 한다. 줄글로 된 책이 주식이라면 만화책은 간식이다. 간식이 주식이 되면 안 되듯 만화책이 책읽기의 주가 되면 곤란하다.

만화책의 폐해로는 여러 가지가 있겠지만, 그중에서 가장 결정적인 문제는 만화책을 읽어봤자 어휘력이 별로 늘지 않는다는 점이다. 만화책을 읽어도 어휘력이 늘지 않는 가장 큰 이유는 만화책이 단순한 어휘로 쓰여졌기 때문이다. 굳이 어휘를 모르더라도 그림을 보면서 이해할 수 있기에 어휘 자극은 거의 이루어지지 않는다. 그래서 어휘력이 낮은 아이들이 주로 만화책을 즐겨 본다. 책읽기를 싫어하는 아이들의 85퍼센트 정도가 어휘력 부족 때문이라고 한다. 이런 아이들이 피난처 삼아 찾는 책이 바로 만화책이다.

만화책에 빠져든 아이들을 보면 부모도 책임을 면하기 어렵다. 아이들이 만화책을 처음 접하게 되는 경로가 의외로 부모인 경우가 많기 때문이다. 대다수의 부모들은 학습과 재미라는 두 마리 토끼를 잡고 싶어 소위 '학습 만화'라는 것을 아이에게 권한다. 하지만 이런 부모들은 정보의 습득을 학습으로 착각한 것이다. 정보의 습득과 학습은 엄연히 다르다. 학습은 정보의 습득에 비해 좀 더 복잡하고 어려운 작업이다. 만화책으로 두 마리 토끼를 다 잡으려다 두 마리를 다 놓치는 우를 범하지 않길 바란다. 특히 초등학교 1학년은 독서 습관을 형성하는 시기이다. 되도록 이 기간에는 만화책을 삼가는 편이 좋다.

아이가 이미 만화책에 푹 빠졌다면 당장 만화책을 읽지 못하게 하는 것만으로는 문제를 절대 해결할 수 없다. 이런 아이들의 경우 만화책과 줄글로 된 책을 섞어서 읽게 한다. 만화책을 두 권 읽고, 줄글로 된 책을 한 권 읽는 방식으로 접근하는 것이다. 처음에는 줄글로 된 책도 삽화의 비중이 큰 책이 바람직하다.

판타지만 읽는 아이

판타지 책이 모두 그런 건 아니지만 많은 경우에 전쟁 이야기가 주를 이룬다. 전쟁 이야기이긴 하지만 전쟁이 얼마나 많은 피해를 발생시키는지와 같이 현실적인 고려는 전혀 나타나 있지 않다. 주인공이 혼자서 많은 수의 적군을 다 물리치는 허무맹랑함도 '판타지니까 괜찮다'는 식으로 묵인된다. 이야기는 마음에 다가서지 않고 말초 신경만을 자극한다. 이런 이야기에 계속 노출되다 보면 폭력을 정당화하거나 쾌락만을 추구하는 인간으로 변모할 수 있다. 이 같은 판타지를 지속적으로 접하면 사고 체계가 비논리적으로 바뀐다. 비논리적이고 비현실적인 사고 체계는 현실의 문제를 제대로 해결할 수 없게 하며, 현실 도피형 인간으로 만들기 쉽다.

판타지 중에서 초등학교 1학년 아이들이 특별히 경계해야 할 것은 바로 '공포 이야기'이다. 아이들은 무서운 이야기를 참 좋아한다. 부모나 교사 몰래 공포 이야기책을 서로 돌려 읽는 모습은 학교에서도 쉽게 볼 수 있다. 공포 이야기를 좋아하고 자주 읽는 아이들은 대개 공격적인 성향이 강하고 주변 정리를 잘 못하며 지저분하다. 공포 이야기를 읽고 제대로 숙면을 취하지 못해 눈가에 다크서클이 가득하다. 그림을 그릴 때도 검정 계통의 어두운 색깔을 주로 사용한다. 이는 되도록 피해야 할 공포 이야기를 읽어서 정신이 오염되다 보니 나타나는 현상들이다. 어린아이일수록 공포를 주제로 한 책은 가급적 피하는 것이 좋다.

건성으로 읽는 아이

부모들 중에는 아이가 책을 다 읽어서 내용을 물어보면 하나도 모른다고 대답한다며 고민하는 분들이 있다. 이런 아이의 경우 십중팔구 건성으로 책을 읽는다. 아이가 건성으로 책을 읽는 데는 여러 가지 이유가 있다. 그중에서 가장 흔한 이유는 아이가 책을 읽을 때 집중을 하지 않는다는 것이다. 이때 부모는 아이의 집중력을 방해하는 요소가 무엇인지를 잘 파악해야 한다. 어휘력이 문제일 수도 있고, 하고 싶은 것을 못하게 해서 그럴 수도 있고, 순수하게 집중력의 문제일 수도 있다. 그리고 자신이 가진 것보다 수준이 높은 책을 만나면 건성으로 읽을 수 있다. 그런 책은 자칫하면 '까만 것은 글씨요, 하얀 것은 종이로다'와 같이 돼버린다. 이렇게 수준 높은 책은 아무래도 집중해서 읽기 어렵다. 마지막으로 부모의 강요에 의해 책을 읽다 보면 건성으로 읽게 될 수 있다.

죽어도 책을 읽기 싫은데 부모가 강요하니까 읽는 척만 하는 것이다. 이럴수록 부모가 기다려줘야 한다. 아이가 다시 책을 읽고 싶은 마음이 들 때까지 기다려주고 격려해주는 방법이 최선이다.

한 분야의 책만 읽는 아이

한 분야의 책만 읽는, 편독이 심한 아이들이 있다. 남자아이들의 경우 공룡에 빠져서 공룡 관련 책만 읽는 아이들이 있다. 부모 입장에서는 다른 분야에도 관심을 가지면 좋겠는데, 그러지 않아서 애가 탄다. 다행히도 이런 경우는 크게 걱정하지 않아도 된다. 아이가 자라면서 관심 영역이 대부분 바뀌기 때문이다. 오히려 편독은 독서력 향상에 기여할 수 있는 긍정적인 면도 가지고 있다.

한 분야의 책만 읽는 것하고 비슷한 경우로 읽었던 책만 계속 읽는 아이들이 있다. 읽었던 책만 읽는 경향은 유아기 때 심하게 나타나다가 크면서 거의 사라진다. 이 역시 크게 우려할 필요는 없다. 반복해서 읽는다는 것은 그만큼 그 책이 아이와 잘 맞는다는 뜻이다. 그리고 반복해서 읽을 때마다 또 다른 재미와 감동을 느낀다는 뜻이기도 하다. 어느 시점이 지나면 아이는 그렇게 열심히 반복해서 읽던 책을 그만 내려놓는다. 부모는 그저 아이가 그 책을 왜 반복해서 읽었는지, 그리고 제대로 읽었는지 정도만 확인하면 된다.

반복해서 읽기

독서삼독讀書三讀이라는 말이 있다. 책을 읽을 때 세 가지를 읽어야 한다는 말이다. 첫째는 글 읽기, 즉 책의 내용을 이해하는 것이고, 둘째는 저자 읽기, 즉 책을 쓴 사람을 생각하는 것이다. 마지막으로 셋째는 자기 자신 읽기, 즉 스스로를 성찰하는 것이다. 독서삼독은 반복 읽기의 중요성을 강조한 말이다. 읽을 만한 가치가 있는 책을 반복해서 읽으면 여러 가지 좋은 점이 있음에도 불구하고, 많은 아이들은 여전히 책을 한 번 읽고 치우기에만 바쁘다. 딱 한 번만 읽으면 독서의 효과를 온전히 다 누릴 수 없다. 한 권의 책을 진득하게 붙들고 세 번 정도 반복해서 읽으면 어떨까? 그래야 내용과 저자, 더 나아가서는 자기 자신까지도 읽을 수 있지 않을까?

반복 읽기는 힘이 세다

반복 읽기를 이해하지 못하는 부모들이 있다. '이미 다 아는 내용을 뭣하러 계속 읽을까?'라고 생각하지만 절대 그렇지 않다. 책은 읽을 때마다 새롭다. 느낌이 다르고 이전에는 보이지 않았던 새로운 부분이 보인다. 아이는 이런 과정을 거치며 사고가 깊어지고 관찰력이 길러지며 어휘력이 늘어난다. 반복해서 읽으면 읽을수록 그 책의 어휘, 표현, 생각 등 모든 것이 내 것이 된다. 반복 읽기는 힘이 세다는 사실을 꼭 기억해야 한다. 반복 읽기를 한 책은 아이의 사고를 지배하고 가치관을 형성시킬 것이다. 아이가 쓰는 문체는 그 책의 문체를 닮을 것이며, 아이의 성격은 그 책의 주인공을 닮을 것이다. 반복 읽기는 아이에게 마술을 일으킨다. 『삼국지三國志』「위지魏志」에는 반복 읽기의 위력을 단적으로 드러낸 구절이 있다.

독서백편의자통讀書百遍義自通
같은 책을 백 번 되풀이해 읽으면 저절로 뜻을 알게 된다.

자녀가 좋은 문장가가 되길 바란다면 명작을 골라 반복 읽기를 시켜보자. 명작의 저자들은 모두 위대한 저자들이다. 위대한 저자들은 남다른 문체를 가진 사람들이다. 반복해서 읽다 보면 자녀의 문체가 어느새 위대한 저자의 문체를 닮아간다는 걸 발견할 수 있을 것이다.

두 번째 저자가 되는 법

초등학생을 대상으로 책읽기 강연을 할 때 있었던 일이다. 책 한 권을 백 번 이상 반복해서 읽어본 사람이 있는지 물었더니 한 여자아이가 손을 들었다. 어떤 책을 백 번 이상 반복해서 읽었느냐고 물었더니 『어린 왕자』란다. 이어서 왜 그렇게나 많이 그 책을 반복해서 읽었느냐고 물었더니 아이는 "그냥 좋아서요"라고 대답했다. 심지어 아이는 『어린 왕자』의 일부분을 거의 암기하고 있었다. 필자는 이 아이가 『어린 왕자』의 저자인 생텍쥐페리보다 작품의 구석구석을 더 잘 이해하고 있을지도 모른다고 생각한다. 작가마다 다르겠지만 작가도 자신의 작품을 쓰면서 백번 이상을 읽지는 못한다. 그런데 한 사람이 어떤 작품을 백 번 이상 읽었다면 그 작품에 대한 깊은 이해나 느낌이 작가 그 이상일 수 있다는 것이다.

반복 읽기를 한 책은 읽은 만큼 자신의 것이 된다. 구절구절을 암기할 뿐만 아니라, 그 구절들이 문득 문득 떠오르면서 인생을 이끌어주기 때문이다. 그리고 작가 다음으로 그 작품을 깊이 이해할 수 있는 사람이 될 수 있다. 책의 두 번째 저자가 되는 것이다.

부모가 아이에게 반복 읽기를 시킨다면 반드시 주의해야 할 사항이 있다. 반복 읽기는 힘이 세다고 했다. 사실 반복 읽기는 힘이 너무 세기 때문에 함부로 시킬 일은 아니다. 정말 반복 읽기를 할 만한 가치가 있는 책을 찾아 반복 읽기를 시켜야 한다. 다음과 같은 조건을 만족한다면 반복 읽기에 적당한 책이라고 할 수 있다.

- 고전으로 정평이 나 있는 책
- 바른 가치관을 심어줄 수 있는 책
- 작품성이나 예술성이 높은 책

저자와 식사하는 것보다
더 큰 가치

어떤 엄마가 아이에게 매일 성경의 『잠언』을 한 장씩 큰 소리로 읽게 하는 것을 봤다. 『잠언』이 31장까지 있으니 한 달에 한 번 읽고 다음 달이 되면 다시 1장부터 읽히는 식으로 진행된다. 이는 1년이면 12번을 읽는 셈이다. 이런 식으로 『잠언』을 반복해서 읽는 아이의 인생은 어떻게 될까? 아마 『잠언』의 저자인 솔로몬과 같은 '지혜의 사람'이 되지 않을까? '반복 읽기'를 하다 보면 저자의 생각을 닮게 되고 사고방식도 비슷해진다. 사고방식이 닮는다는 것은 인생을 닮는다는 것을 의미한다.

이 시대에 솔로몬이 살아 있다면 만나서 식사라도 하면서 이야기를 나눠보는 것이 가당키나 할까? 얼마 전, 투자의 귀재이자 오마하의 현인이라 추앙받는 세계적인 갑부 워런 버핏과의 점심식사가 경매에서 35억 원에 낙찰됐다고 한다. 만약 솔로몬이 살아 있다면 솔로몬과의 식사 값은 얼마나 될까? 아마 워런 버핏보다 몇 배는 비쌀 것이다. 식사 값이 너무 비싸서 꿈도 꾸기 어려울 것이다.

그런데 솔로몬과의 식사보다 더 많은 걸 얻을 수 있는 것이 있다. 그

것은 바로 솔로몬이 쓴 저작물을 반복해서 읽는 것이다. 이 시대 최고의 동화 작가인 황선미 씨나 앤서니 브라운 같은 작가와 만나기는 어렵겠지만, 그 작가들의 책은 읽힐 수 있다. 그들과 식사를 하는 것보다 오히려 그 사람의 저작물을 반복해서 읽었을 때 더 많은 것을 얻을 수 있다.

03

귀로 읽는 책, 읽어주기

초등학생들이 책읽기에 가장 흥미롭게 접근할 수 있는 방법이 무엇이 냐고 묻는다면 필자는 '책 읽어주기'라고 말하고 싶다. 저학년 아이들은 말할 필요도 없고, 고학년 아이들도 책을 읽어주면 정말 좋아한다. 귀를 쫑긋 세우고 책 읽어주는 소리에 집중하는 모습이 얼마나 보기 좋은지 모른다. 만약 아직까지도 아이가 책읽기를 즐기지 않는다면 부모는 책 읽어주기부터 실천할 일이다. 책 읽어주기는 부모의 권리이자 책임이 며 의무라고 생각한다. 책을 읽어주지 않는 부모는 자녀 양육의 큰 즐거 움을 잃어버린 셈이나 다름없다.

아이의 마음을
바꿀 수 있다

———

필자는 날마다 우리 반 아이들에게 10분 정도 책을 읽어주기 위해 노력한다. 언젠가 2학년 아이들에게 『마법의 설탕 두 조각』이라는 책을 읽어주었는데, 다 읽어주고 나자 한 여자아이가 이렇게 말하는 것이었다.

"선생님이 책을 읽어주면 좋아요."

"왜?"

"선생님이 읽어주면 혼자서는 못 읽는 책도 재미있어져요."

그래서 다른 아이들한테도 선생님이 책을 읽어주면 어떤 점이 좋은지 물었더니 다음과 같은 대답이 주를 이루었다.

"선생님이 읽어주면 이해가 잘 돼요."

"선생님이 읽어주면 그 책에 관심이 가요."

"선생님이 읽어주면 기억이 잘 나요."

독해 능력이 떨어지는 아이의 경우 책을 읽어주면 스스로 읽을 때보다 그 능력이 50퍼센트 이상 향상된다는 연구 결과도 있다. 이처럼 책 읽어주기는 책읽기를 싫어하거나 고통스럽게 생각하는 아이들의 마음을 바꿀 수 있는 가장 좋은 방법이다.

잘 듣는 아이가
공부도 잘한다

———

책 읽어주기로 자녀에게 잘 들을 수 있는 귀를 만들어줄 수 있다. 공부를 할 때 잘 듣는 것만큼 중요한 것도 없다. 우리나라에서는 더욱 그렇다. 대부분의 수업 진행 방식이 교사가 설명하면 학생은 듣는 식이기 때문이다. 이런 현실 속에서 듣기 능력이 부족한 아이는 공부를 잘하려고 해도 잘할 수가 없다.

잘 듣기 위해서는 이해력과 집중력이 좋아야 한다. 그런데 이런 능력은 하루아침에 길러지지 않는다. 매일매일 연습하고 훈련해야 한다. 이런 면에서 부모가 아이에게 날마다 책을 읽어주는 건 아이의 이해력과 집중력을 키울 수 있는 특효약이라 할 수 있다. 책을 읽어주면 아이의 입장에서는 '읽기'가 '듣기'로 변하는 셈이다. 정서적인 면을 고려할 때도 아이들한테는 읽기보다 듣기가 더 좋다. 읽을 때보다는 들을 때 긴장이 풀리고 편안해지며 사람의 뇌에서는 좋은 뇌파가 나온다. 따라서 아이에게 책을 많이 읽어주면 아이의 정서가 안정되고 책을 읽어주는 사람과의 관계도 좋아지는 것이다.

귀가 잘 들리지 않으면 이비인후과에 가서 치료를 받으면 된다. 하지만 들을 귀가 없는 아이를 치료할 수 있는 곳은 없다. 매일 아이 곁에서 단 한 줄만이라도 책을 읽어준다면 아이에게는 듣는 귀가 조금씩 생기게 될 것이다.

책을 읽어주는 7가지 방법

방법1. 자녀의 수준보다 조금 어려운 책 읽어주기

책 읽어주기의 장점 가운데 하나는 아이가 스스로 읽기 어려운 책을 읽을 수 있다는 점이다. 따라서 책을 읽어줄 때는 자녀가 혼자 잘 읽지 못하는 약간 어려운 책을 읽어줘도 좋다. 아이가 모르는 새로운 어휘가 서너 개 정도 나오는 책이 적당하다. 하지만 책이 아무리 어려워도 글자를 짚어가며 읽어주는 일은 피해야 한다. 아이가 내용은 파악하지 않고 글자에만 집중할 수 있기 때문이다.

방법2. 약간 높은 목소리로 천천히 읽어주기

책을 읽어줄 때 감동적인 부분이 등장하면 그 느낌을 충분히 살려 아이에게 읽어주는 것이 좋다. 감동적이거나 중요한 부분에서 잠깐 멈춘 다음, 목소리 톤을 바꾼다든지 감탄사를 크게 말한다든지 하면 아이가 재미있어할 뿐만 아니라 아이의 주목까지도 환기시킬 수 있다. 읽는 중간중간에 적당한 추임새를 넣는 것도 재미를 배가시킬 수 있는 좋은 방법이다. "와, 대단하다!", "어쩌면 이럴 수가 있니?"와 같은 추임새는 책의 느낌을 새롭게 만들고, 이야기에 대한 보다 깊은 관심으로 안내하는 역할을 한다.

방법3. 클라이맥스에서 아이가 상상할 수 있게 잠시 멈췄다 읽어주기

『파우스트』의 저자 괴테의 엄마는 밤마다 아들에게 책을 읽어준 것으로 유명하다. 엄마는 어린 괴테에게 매일 밤 책을 읽어주면서 가장 재미있는 부분이 나오면 "아가야, 그 다음은 네가 완성해보면 어떨까?"라고 말하며 읽어주기를 잠시 멈췄다고 한다. 그때마다 어린 괴테는 이야기를 완성하기 위해 생각에 빠져들었다. 클라이맥스에서는 누구나 다음 장면을 궁금해한다. 궁금함이 커질수록 상상력은 깊어지는 법이다. 클라이맥스에서 다음 이야기를 상상하게 하는 건 이를 노린 한 수다. 가끔씩은 자신이 상상한 이야기와 작가의 이야기가 같을 때 뛸 듯이 기뻐하는 아이의 모습을 볼 수 있는 행운이 찾아오기도 한다.

방법4. 아이가 원한다면 똑같은 책 반복해서 읽어주기

이미 읽었던 책만 계속해서 읽어달라고 조르는 아이들이 있다. 부모는 너무 많이 읽어서 지겨워 죽겠는데 아이는 막무가내다. 이는 아이들의 성장 발달 단계상 흔히 있는 일이다. 아이가 같은 책을 반복해서 읽어달라고 하면 부모는 그저 계속 그 책을 읽어주기만 하면 된다. 그러다 보면 자연스럽게 다음 책으로 넘어가는 순간이 찾아온다.

방법5. 끌어안고 책 읽어주기

『쿠슐라와 그림책 이야기』는 책을 읽어주는 행위가 의학적으로 분명한 효과가 있다는 사실을 우리에게 보여준다. 쿠슐라는 태어날 때부터 염색체 이상으로 손발을 움직이지도, 눈의 초점을 맞추지도 못하는 아이였다. 의사는 쿠슐라가 신체장애뿐 아니라 정신장애까지 있다고 진단했다. 하지만 부모는 쿠슐라를 포기하지 않았다. 부모는 쿠슐라가 태어난 지 4개월이 됐을 무렵부터 아이를 품에 안고 계속해서 그림책을 읽어주었다. 그러던 중 놀라운 일이 발생했다. 아이가 조금씩 반응을 보이기 시작한 것이었다. 3년 8개월 후 받은 검사에서 쿠슐라의 지능은 평균보다 높았다. 게다가 성격도 낙천적으로 변해서 다른 아이들과도 잘 지내게 되었다. 이처럼 아이에게 책을 읽어주면 아이 정서에 좋은 영향을 끼친다. 조금 달랐던 쿠슐라를 보통 이상으로 키울 수 있었던 방법은 다름 아닌 '꼭 끌어안고 책 읽어주기'였다. 지금 아이에게 책을 읽어준다면 이왕이면 끌어안고 읽어주길 바란다.

방법6. 그림책 읽어주기

책읽기에 그다지 큰 흥미를 느끼지 못하는 아이들에게 그림책 읽어주기는 가장 권장할 만한 활동이다. 사실 어른 입장에서는 글자도 별로 없고 얇기만 한 책이 값은 왜 그렇게 비싸냐고 푸념을 할 수도 있다. 하지만 그림책은 아이들의 상상력을 자극할 수 있는 가장 좋은 책이다. 이야기책보다는 그림책이 아이의 상상력을 훨씬 더 자극한다. 글과 그림이 함께 있기 때문이다. 그러므로 그림책을 읽어줄 때는 그림에 집중할 수 있게 다음과 같은 질문을 하는 것이 좋다.

"주인공의 모습이 어떻게 달라졌니?"

"이 색깔의 느낌은 어떠니?"

"여기서 가장 먼저 눈에 띄는 것은 무엇이니?"

아이가 좋아해서 자주 읽어주는 그림책이 있다면 매번 똑같이 읽어주지 말고 일부분을 틀리게 읽어준다. 그러면 아이가 좀 이상하다고 여길 것이다. 이는 아이의 주의를 조금 더 끌 수 있는 방법 중 하나이다.

방법7. 잠자기 전에 읽어주기

책은 언제 읽어줘도 상관없지만 굳이 따지자면 잠자기 전이 가장 좋은 시간이다. 잠자기 전에 보고 들은 내용은 잠자는 동안 장기 기억 장치로 들어갈 확률이 높다. 그뿐만 아니라 아이가 엄마에게 느끼는 정서적 유대감이 잠자리까지 이어지기 때문에 더없이 좋다. 책 읽어주는 엄마의 목소리를 들으면서 잠자리에 들 수 있는 아이는 세상에서 가장 행복한 아이가 아닐까 싶다.

다음은 초등학교 1학년 아이들에게 읽어주면 좋은 책 리스트이다.

도서명	저자	출판사
『너는 특별하단다』	맥스 루카도	고슴도치
『팥죽 할멈과 호랑이』	서정오	보리
『지각대장 존』	존 버닝햄	비룡소
『학교에 간 개돌이』	김옥	창비
『마법의 설탕 두 조각』	미하엘 엔데	소년한길
『나쁜 어린이 표』	황선미	웅진주니어
『까막눈 삼디기』	원유순	웅진주니어
『내 짝꿍 최영대』	채인선	재미마주
『책 먹는 여우』	프란치스카 비어만	주니어김영사
『아낌없이 주는 나무』	셸 실버스타인	시공주니어

『강아지똥』	권정생	길벗어린이
『가방 들어주는 아이』	고정욱	사계절
『칠판 앞에 나가기 싫어』	다니얼 포세트	비룡소
『황소와 도깨비』	이상	다림
『학교 가기 싫어!』	크리스티네 뇌스틀링거	비룡소
『이 고쳐 선생과 이빨투성이 괴물』	롭 루이스	시공주니어
『짜장 짬뽕 탕수육』	김영주	재미마주
『세상에서 제일 힘 센 수탉』	이호백	재미마주
『행복한 청소부』	모니카 페트	풀빛
『엄마, 받아쓰기 해봤어?』	송재환	계림북스

04

입으로 읽는 책,
소리 내어 읽기

예전에는 초등학교 1, 2학년 교실 근처에만 가도 반 아이들이 모두 낭랑한 목소리로 책을 읽는 소리를 쉽게 들을 수 있었다. 하지만 요즘은 1, 2학년 교실에 가도 책 읽는 소리를 거의 들을 수가 없다. 우리의 책읽기 문화에서 소리 내어 읽기가 점점 사라져가고 있는 것이다. 안타까운 일이 아닐 수 없다. 소리 내어 읽기의 효과와 위력을 알고 다시 회복되었으면 하는 바람이다.

소리 내어 읽기의 위력

소리 내어 읽기는 우리의 오감을 총동원해 온몸으로 책을 읽는 것이다. 입으로는 읽고, 귀로는 들으며, 눈으로는 보고, 손으로는 느끼며, 코로는 책의 냄새를 맡고, 머리로는 기억한다. 따라서 어떤 책읽기 방법보다 학습 효과가 크다. 이제 한글을 깨우쳐가는 유치원생들이나 초등학교 1학년 아이들한테는 더욱 그렇다.

소리 내어 읽으면 일단 집중력이 좋아진다. 눈으로 책을 읽을 때는 눈에만 온 신경을 집중하면 된다. 하지만 소리 내어 책을 읽을 때는 눈뿐만 아니라 입과 귀 등을 모두 동원해야 한다. 이렇게 훨씬 더 많은 감각 기관을 사용하기 때문에 소리 내어 읽기가 더 많은 집중력을 요하는 것이다. 물론 그만큼 내용 습득은 더 잘된다. 그리고 소리 내어 읽기는 집중력 외에도 읽기 능력을 향상시킨다. 여기에서 읽기 능력은 정확한 발음, 발음의 강약, 끊어 읽기, 감정 이입해 실감나게 읽기 등을 모두 포함하는 고급 능력을 의미한다. 저학년뿐만 아니라 고학년 중에서도 글을 읽을 수는 있으나 정확한 발음, 끊어 읽기, 감정 이입 등이 잘되지 않는 아이들이 있다. 이런 아이들일수록 자꾸만 소리 내어 읽다 보면 읽는 것이 몰라보게 부드러워지고 자연스러워진다.

뇌 발달 측면에서 볼 때 소리 내어 읽기는 눈으로만 읽을 때보다 훨씬 효과가 좋다. 일본 토호쿠(東北) 대학의 카와시마 류타(川島隆太) 교수는 뇌활성화에 특정 행동이 어떠한 영향을 주는지를 연구하다가 소리 내어 읽기의 효과를 발견했다. 그는 생각하기, 글쓰기, 읽기 등 무엇을 하느냐에 따라 뇌 속에서 반응하는 부위가 다르며, 이때 반응하는 부위는 혈액 순환이 좋아진다고 주장했다. 그리고 같은 연구에서 소리 내어 읽을 때 뇌의 신경 세포가 70퍼센트 이상 반응하는 것으로 나타났다. 이 수치만 봐도 소리 내어 읽기가 뇌를 얼마나 더 자극하고 활성화시키는지 잘 알 수 있다.

소리 내어 읽을 때 꼭 알아야 할 5가지 노하우

노하우1. 부모와 아이가 함께 읽는다

처음으로 소리 내어 읽기를 한다면 그 무엇보다 부모의 시범이 중요하다. 부모와 아이가 함께 소리 내어 읽는 것이다. 부모가 소리 내어 한 문장을 읽으면 이어서 아이가 똑같이 그 문장을 소리 내어 읽는 방법이다. 이 방법은 끊어 읽기나 정확한 발음을 가르치는 데 유용하다. 물론 날마다 하기는 쉽지 않겠지만, 가끔씩이라도 이 방법을 시도하면 아이에게 신선한 자극을 줄 수 있으며 아이의 소리 내어 읽기 실력을 점검해볼 수도 있다.

노하우2. 큰 소리로 또박또박 읽게 한다

어떤 아이들은 발표할 때 기어들어가는 목소리로 말을 한다. 자신감이 없어서이기도 하지만 대개는 큰 소리로 말하는 게 익숙하지 않아서이

다. 이런 문제를 개선할 수 있는 방법이 바로 소리 내어 읽기이다. 자신
감이나 발표력 향상 등의 효과를 거두기 위해서는 소리를 내어 읽되 평
소보다 조금은 큰 소리로 읽을 것을 권한다. 여기서 말하는 조금 큰 소
리란 방에서 문을 닫고 책을 읽는 소리가 거실에서도 들리는 수준을 의
미한다. 이렇게 큰 소리로 읽으면 발성 연습을 충분히 할 수 있고 자신
감은 물론, 발표력까지 향상시킬 수 있다.

노하우3. 가능한 한 지적하지 않도록 노력한다

소리 내어 읽기가 매끄럽지 않은 아이들은 더듬더듬 읽거나 꾸밈말, 조
사 등 몇몇 단어를 빼고 읽는 경우가 많다. 이때 사사건건 지적을 하거
나 처음부터 다시 읽게 하면 아이는 소리 내어 읽기로 인한 스트레스를
받는다. 아이가 소리 내어 읽을 때 가급적이면 중간에 끼어들지 말고,
정말 고쳐야 할 점이 있다면 다 읽고 난 다음에 간단히 언급해주는 것
이 현명하다.

노하우4. 대화 글은 등장인물의 특성을 살려 읽게 한다

책을 맛깔스럽게 읽으려면 대화 글을 잘 읽어야 한다. 그리고 대화 글을
잘 읽으려면 등장인물의 성격이나 기분을 잘 파악해 그에 어울리는 목
소리로 읽어야 한다. 등장인물이 할머니라면 최대한 할머니 목소리를
흉내 내서 읽고, 화가 났다면 화가 난 목소리로 읽어야 실감이 난다. 이
렇게 등장인물의 특성을 살려 읽는 것은 표현력을 향상시키며, 더 나아
가서는 관계 지능에도 영향을 끼친다. 등장인물에 걸맞은 목소리로 읽

으려면 문맥상 등장인물의 성격과 기분을 섬세하게 파악해야 하기 때문이다. 이런 과정을 반복하다 보면 아이는 실제 생활 속에서도 상대방의 기분을 잘 파악해 상황에 맞는 이야기를 잘할 수 있게 된다.

노하우 5. 가족에게 책을 읽어주게 한다

혼자서 책을 큰 소리로 읽는 것과 다른 사람에게 책을 읽어주는 것은 확실히 다르다. 다른 사람에게 책을 읽어줄 때 훨씬 더 효과가 좋다. 다른 사람에게 책을 읽어줄 때 조금 더 신경을 써서 보다 큰 집중력을 발휘하기 때문이다. 가족들 중 아이가 부담을 덜 느끼는 형제자매나 할머니와 할아버지에게 책을 읽어주게 하면 색다른 느낌으로 소리 내어 읽기를 할 수 있다.

05

손으로 읽는 책,
쓰면서 읽기

대부분의 아이들은 눈으로만 책을 읽는다. 그런데 눈보다는 입으로 읽는 것이 좋고, 눈이나 입보다는 손으로 읽는 것이 효과적이다. 손으로 읽는다는 말은 베껴 쓰기인 필사筆寫를 의미하는 경우가 많지만, 더 큰 범위에서는 책에 밑줄을 긋거나 메모를 하면서 읽는 행위 등도 포함된다. 부모들 중에는 읽기만으로도 바쁘고 벅찬데 어떻게 베껴 쓰기까지 하냐며 성토하는 사람들도 있다. 하지만 이는 많이 읽고 빨리 읽는 것에 대한 강박관념이 있는 사람들이나 하는 말이다. 다독이나 속독을 통해 얻을 수 있는 건 얄팍한 정보나 지식뿐이다. 심오한 진리나 깨달음을 얻으려면 깊은 독서를 해야 한다. 깊은 독서의 대명사가 바로 '손으로 읽기', 즉 쓰면서 읽는 것이다.

백 번 읽는 것이
한 번 쓰는 것만 못하다

───

서양 속담 중에 '글로 쓰면 기적이 일어난다'는 말이 있다. 도대체 어떤 기적이 일어난다는 걸까? 읽기만 할 때는 미처 보지 못했던 것들을 보고, 또 깨닫는 것이다. 읽기만 할 때는 아무 영향도 끼치지 못했던 책이 글로 쓰니까 비로소 나에게 엄청난 영향을 끼친다. 이것이 기적이 아니고 무엇이겠는가?

베껴 쓰기를 하면 작가가 처음에 받았던 감동을 그대로 느낄 수 있다. 또한 작가가 경험한 사고의 흐름과 호흡을 느낄 수 있다. 베껴 쓰기만큼 책을 꼼꼼하고 세밀하게 살펴볼 수 있는 방법은 없다. 베껴 쓰기를 한다는 건 내가 그만큼 그 책을 사랑한다는 증거이다. 더 나아가 내가 그 책의 가르침대로 살고 싶다는 것이며, 그 작가처럼 되고 싶다는 것이다.

유치원생이나 초등학교 1학년 아이들에게 베껴 쓰기는 여러 모로 유용하다. 먼저 연필을 쥐는 힘과 필력을 기를 수 있다. 요즘 1학년 아이들은 글씨 쓰기를 매우 싫어한다. 제대로 글씨를 써볼 기회가 예전보다 많이 줄어들었기 때문이다. 초등학교 1학년은 손으로 글씨를 많이 써 보아야 한다. 그래야 필력도 생기고 머리도 좋아진다. 또한 베껴 쓰기를 하면 한글 맞춤법을 쉽게 깨우칠 수 있다. 사실 책을 많이 읽었어도 맞춤법을 틀리는 아이들이 많다. 하지만 책을 한 번만 베껴 쓰면 맞춤법이 일취월장한다. '百聞不如一見(백문불여일견)'이라는 말이 있는데, 필자는 이 말을 살짝 돌려 '百讀不如一寫(백독불여일사)'라 다시 말하고 싶다. 백 번 읽는 것이 한 번 베껴 쓰는 것만 못하다는 이야기다. 글쓰기에서도 커다란 발전을 이룰 수 있다. 작가 지망생들이 글쓰기 연습을 위해 황순원 작가나 이효석 작가의 작품을 베껴 쓴다는 것은 이미 널리 알려진 사실이다. 이렇게 베껴 쓰다 보면 그 작가의 아름다운 표현이나 문체 등이 내 것이 될 수도 있다.

가장 효과적인 베껴 쓰기 방법

———

베껴 쓰기를 하려는 아이에게 필자는 다음 두 가지 종류의 책을 권하고 싶다.

첫째, 아이가 수십 번 반복해서 읽은 동화책이나 그림책이다. 이런 책은 아이가 그만큼 그 책을 좋아한다는 의미이므로 베껴 쓰면 평생 기억에 남을 것이다. 특히 그림책은 그림을 제외하고 내용이 몇 글자 없기 때문에 마음만 먹으면 쉽게 도전해볼 수 있다.

둘째는 『사자소학四子小學』이나 『명심보감』과 같은 인문 고전이다. 이런 책은 1학년 아이에게 당장은 버거울 수 있지만 2학년 정도만 되어도 얼마든지 가능하다. 그리고 가장 베껴 쓸 만한 가치가 있는 책이 바로 이런 인문 고전이다. 책을 처음부터 끝까지 베껴 쓰는 게 힘들다면 자신의 마음에 드는 부분만 발췌해 쓰는 것도 한 가지 방법이 될 수 있다.

베껴 쓰기를 할 때는 줄 공책보다는 네모 칸 공책에 하는 것이 좋다.

네모 칸 공책이 글자를 한 자 한 자 더 정성스럽게 쓸 수 있고, 띄어쓰기 등 맞춤법을 익히는 데 유리하기 때문이다. 그리고 문장 부호까지 책에 나온 그대로 또박또박 쓰게 하는 것이 좋다. 한 마디 덧붙이자면 컴퓨터로 베껴 쓰는 것은 별로 권하고 싶지 않다. 연필 대신 키보드를 사용한다는 것은 속도를 따진다는 것이고, 여기에는 베껴 쓰기를 별로 하고 싶지 않다는 의미가 내포된 게 아닐까? 이런 마음으로 베껴 쓰느니 그냥 여유롭게 읽는 편이 훨씬 낫다.

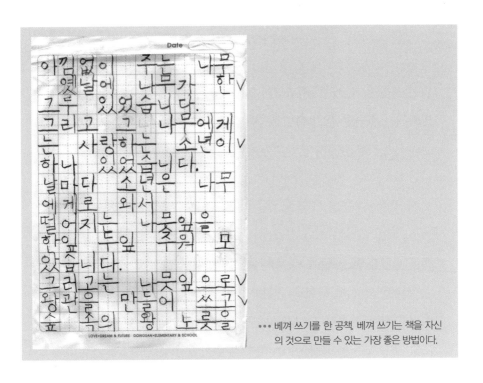

••• 베껴 쓰기를 한 공책. 베껴 쓰기는 책을 자신의 것으로 만들 수 있는 가장 좋은 방법이다.

밑줄만 잘 쳐도
반은 성공이다

———

'밑줄 치기는 작가에 대한 최대의 찬사다'라는 말이 있다. 이 문장 속에는 여러 가지 의미가 내포되어 있다.

첫 번째 의미는 밑줄을 칠 만한 책을 읽으라는 것이다. 어떤 책은 처음부터 끝까지 읽었어도 밑줄 한 군데 칠 곳이 없다. 이런 책은 안 읽어도 그만인 경우가 많다. 반면에 어떤 책은 첫 장부터 마지막 장까지 매쪽마다 밑줄을 치고 싶은 곳이 정말 차고 넘친다. 이런 책은 꼭 읽어야 하는 동시에 인생에 유익을 가져다주는 책이 틀림없다.

두 번째 의미는 책을 읽을 때 반드시 밑줄을 치라는 것이다. '나는 연필을 들지 않으면 책을 읽지 않는다'라는 어느 작가의 고백처럼 우리한테는 책을 읽을 때 이런 자세가 필요하다. 책에 밑줄을 치려면 최대한 집중해서, 의미를 생각하며 읽어야 한다. 또한 어떤 내용이 중요한지 그렇지 않은지를 판단하면서 읽어야 한다. 밑줄만 잘 치면서 읽어도 책읽기의 반 이상은 성공한 셈이다.

아이들은 무조건 책을 많이만 읽으려는 경향이 있기 때문에 나중에는 이 책을 읽었는지 안 읽었는지조차 잘 기억하지 못한다. 이런 경우 책을 펼쳤을 때 자신이 밑줄 친 흔적이 있다면 그렇게 반가울 수가 없다. 사람은 자신의 흔적을 발견할 때 기쁨과 동시에 안도감을 느낀다. 아이가 항상 연필로 표시를 하면서 책을 읽을 수 있도록 최선을 다해 도와주자. 그러면 그 책이 아이의 인생에 확실히 자리하게 될 것이다.

어디에 밑줄을 칠 것인가

부모들 중에는 아이와 함께 책을 읽은 다음에 독후 활동을 꼭 해야만 한다는 강박증에 시달리는 사람들이 있다. 무엇이라도 하긴 해야겠는데 전문가가 아닌 이상 매번 새로운 활동을 하기는 어렵다. 더군다나 아이가 읽는 책을 부모도 함께 읽어야 제대로 된 독후 활동을 할 수 있을 텐데, 그 책을 매번 읽는 것도 한계가 있다. 이런 부모들에게 밑줄 치며 읽기는 아이와 함께할 수 있는 가장 손쉬운 독후 활동이다. 아이는 밑줄을 치며 책을 읽고, 부모는 책을 다 읽은 아이에게 왜 그 부분에 밑줄을 쳤는지 물어보면 그만이다. 아이가 밑줄 친 이유를 조리 있게 말한다면 아이는 책을 제대로 읽은 것이다. 여기서 문제는 '책의 어떤 부분에 밑줄을 칠 것인가'이다. 부모는 아이에게 어떤 부분에 밑줄을 쳐야 하는지 정확하게 알려줄 필요가 있다. 대체로 다음과 같은 부분에 밑줄을 칠 수 있도록 가르친다.

- 핵심 어휘가 있거나 주제를 표현한 중요한 문장
- 표현이 굉장히 재미있는 문장
- 정말 멋진 표현이 있어 다른 사람에게 읽어주고 싶은 문장
- 책상 앞에 붙여두고 오랫동안 기억하고 싶은 문장

아이가 모르는 단어에 동그라미 표시를 하면서 책을 읽는 방법도 있다. 이 방법을 사용하면 책을 조금 더 심도 있게 읽는 데 많은 도움이 된

다. 부모는 동그라미 표시된 단어를 통해 자녀의 어휘력을 파악할 수 있을 뿐만 아니라, 그 책이 자녀의 수준에 잘 맞는지 그렇지 않은지를 비교적 쉽게 알 수 있다. 보통 한 쪽에 모르는 단어가 3개 정도 등장하는 책이 아이에게 적당하다고 보면 된다.

아이가 몰라서 동그라미 표시를 한 낱말 중에서 중요한 낱말은 낱말 공책을 따로 만들어 기록해보자. 모르는 낱말을 누적해서 기록하다 보면 아이의 어휘력이 향상될 뿐만 아니라, 성취감도 맛볼 수 있다. 또한, 글씨를 써가면서 손의 힘도 키워줄 수 있다. 낱말 공책은 일반 줄 공책보다 네모 공책에 쓰는 것이 글씨를 바르게 쓰는 데 도움이 되고 가시성도 훨씬 높다. 낱말 공책은 하루에 5분 정도씩 큰소리로 읽으면서 반복읽기를 시키면 금세 모르는 단어에서 아는 단어로 넘어오게 된다.

••• 표시하면서 책읽기. 모르는 단어, 재미있는 표현 등에 각기 다른
표시를 하면서 책을 읽으면 그 자체로 훌륭한 독후 활동이 된다.

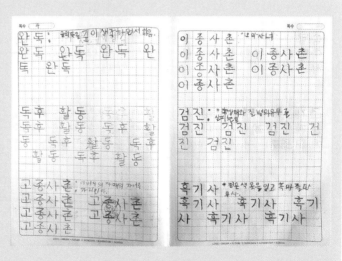

••• 표시한 낱말들을 모아 낱말 공책을 만들면 어휘력과 성취감 향상
에도 도움을 준다.

연애편지처럼 읽는 책,
천천히 읽기

우리와 공자나 플라톤 중 누가 더 다양하게 책을 읽었을까? 알아볼 것
도 없이 우리가 훨씬 더 다양한 분야의 책을 읽었다. 공자나 플라톤이
읽은 책의 권수와 우리가 읽은 책의 권수를 비교하면 이 역시도 당연히
우리가 훨씬 더 많을 것이다. 그런데 왜 우리는 그들의 발뒤꿈치조차도
쫓아가기가 어려운 걸까? 답은 간단하다. 그들은 책을 깊게 읽었고, 우
리는 얕게 읽었다. 책은 '많이'보다는 '깊이' 읽어야 한다. 또한 '빨리'보
다는 '천천히' 읽어야 한다.

급할수록 돌아가라

아이들의 책읽기 속도가 점점 빨라지고 있다. 이런 현상은 지식의 폭발적인 증가, 인터넷이나 스마트폰 등 영상 매체의 급속한 발전, 빨리 읽기를 조장하는 부모들의 가치관 때문에 나타난다. 많은 부모들이 책을 빨리 읽을 줄만 알면 좋다고 생각해 자녀들을 그렇게 훈련시키고 있다. 이런 부모들은 빨리 그리고 많이 읽을수록 남보다 더 많은 지식과 정보를 습득할 수 있다고 생각한다. 하지만 이것은 착각에 불과하다. 책을 제대로 읽으려면 연애편지처럼 천천히 읽어야 한다. 미국의 철학자 겸 저술가로 유명한 모티머 J. 애들러(Mortimer J. Adler)의 저서 『독서의 기술』에는 다음과 같은 말이 나온다.

> 사랑에 빠져서 연애편지를 읽을 때, 사람들은 자신의 실력을 최대한 발휘해 읽는다. 그들은 단어 하나하나를 세 가지 방식으로 읽는다. 그들은 행간을 읽고 여백을 읽는다. 부분적인 관점에서 전체를 읽고 전체적인 관점에서 부분을 읽는다. 문맥과 애매함에 민감해지고 암시와 함축에 예민해진다. 말의 색채와 문장의 냄새와 절의 무게를 곧 알아차린다. 심지어 구두점까지도 그것이 의미하는 바를 파악해내려 한다.

젊은 시절에 연애편지를 써보거나 받아본 사람은 이 작가가 말하고자 하는 바를 정확히 파악할 수 있을 것이다. 책을 제대로 읽으려면 연애편지를 읽듯이 천천히 읽어야 한다. 줄거리를 얼른 알고 싶어 빨리 읽는 것은 책이 선사하는 가장 작은 선물만을 받는 것이나 다름없다. 책에는 이보다 훨씬 더 많은 보물들이 숨겨져 있다. 천천히 읽어야 어휘력이 향상되며, 문자 언어를 이미지 언어로 전환하는 과정을 거치며 상상력도 늘어난다. 속독, 즉 빨리 읽기는 단시간 내에 정보를 얻어 뚜렷한 목적을 달성해야 할 때 사용하는 독서 방법이다. 이런 경우를 제외하고는 책은 가급적이면 정독하는 편이 좋다. 빨리 읽으면 그 책은 아이의 정신에 아무 흔적도 남기지 못한다. 많이 읽으면 지식과 정보는 그만큼 쌓일지 모르겠지만 지혜가 쌓이지는 않는다. 그러니 아이가 천천히 읽는다고 해서 채근하지는 말자.

책을 천천히 읽으려면

어떤 아이들은 학교 복도에서 천천히 걸어 다니라고 아무리 말을 해도 그저 좋아서 뛰어다닌다. 이에 반해 또 다른 아이들은 사뿐사뿐 잘만 걸어 다닌다. 이는 볼 것도 없이 습관의 차이다. 이러한 습관의 차이는 책 읽기에서도 잘 나타난다. 어떤 아이들은 천천히 책을 읽으라고 하면 괴로워한다. 처음부터 빨리 읽는 습관을 들여서 그렇다.

아이가 책을 천천히 읽을 수 있으려면 먼저 충분한 독서 시간이 보장되어야 한다. 독서 시간이 충분하지 않은 아이들은 시간에 쫓겨 책을 읽기 마련이다. 시간에 쫓기다 보면 책을 여유 있게 천천히 읽을 수 없다. 그렇다고 시간이 날 때마다 부분적으로 읽다 보면 대충 읽는 습관이 형성되기 쉽다.

아이가 '왜'라는 질문을 하면서 책을 읽으면 천천히 읽는 게 가능해진다. 적극적인 사람일수록 책을 읽으면서 '왜'라는 질문을 많이 한다. '왜 작가는 이 부분을 그렇게 표현했을까?', '왜 결말을 이렇게 맺었을까?' '왜 주인공은 이런 말을 했을까?' 등 다양한 질문을 하는 것이다. 이렇게 질문을 하면서 책을 읽으면 천천히 읽을 수 있다. 질문을 생각하는 과정이 바로 사고력, 상상력, 문제해결력 등을 높이는 과정이기도 하다.

책과 관련된 활동을 체험하면서 읽는 것도 천천히 읽기의 좋은 방법이다. 예를 들어 『장수 선녀탕』을 읽으면서 책 내용처럼 목욕탕에서 사우나를 해보고 요구르트를 마셔본다든지, 『피양랭면집 명옥이』를 읽으면서 아이와 같이 평양 냉면집에서 냉면을 먹어보는 식이다. 이런 활동들은 평소에도 하는 활동일 수 있지만 책을 읽으면서 하는 활동은 색다른 맛을 선사하고 책을 더 깊이 이해할 수 있게 도와준다.

소리 내어 읽기도 책을 천천히 읽게 하는 한 가지 방법이다. 소리 내어 읽기는 아무리 빨리 읽어도 말하는 속도를 앞지를 수 없다. 특히 아무 생각 없이 책을 읽는 아이들일수록 이 방법이 효과적이다. 모르는 어휘에 동그라미 표시를 하거나 중요한 문장에 밑줄을 치는 것도 책 읽는 속도를 줄일 수 있는 방법이다. 특히 모르는 어휘에 동그라미 표시를 하게 하면 뜻을 생각하며 읽기 때문에 어휘력이 향상된다.

슬로 리딩slow reading이
사고의 힘을 길러준다

———

슬로 리딩slow reading은 여러 권의 책을 통해 많은 정보를 얻기보다 한 권의 책을 천천히 깊이 읽으면서 사고의 힘을 길러내는 읽기 방법을 말한다. 이 방법이 새로운 읽기 방법은 전혀 아니다. 과거 조선시대 읽기 방법이 슬로 리딩이라 할 수 있다. 조선시대 서당에서는 천자문, 사자소학, 사서삼경과 같은 책 한 권을 1년 넘게 읽고 외우고 쓰면서 배웠다. 하지만 이런 슬로 리딩의 모습은 요즈음 우리 주변에서 자취도 없이 사라졌다. 책을 닥치는 대로 많이 읽는 것이 더 좋은 독서법으로 치부되는 오해에서 비롯된 것이다.

하지만 책을 천천히 읽는 슬로 리딩은 생각보다 효과 만점이다. 가장 대표적인 사례가 일본의 하시모토 다케시(はしもとたけし, 1912-2013) 선생의 사례이다. 그는 일본에서 전설적인 국어 교사로 추앙받는다. 하시모토 선생은 50년 동안 고베시의 작은 학교인 나다 학교에서 국어를 가르치면서 아주 특별한 국어 수업을 진행하였다. 국어 시간에 학생들에게 『은수저』(나카 간스케)라는 소설을 읽힌 것이다. 그것도 3년에 걸쳐서 말이다. 그런데 결과는 놀라웠다. 나다 학교가 도쿄대학 합격자를 가장 많이 배출하는 명문고가 되었다는 점이다. 또한 하시모토 선생에게 배운 수많은 제자들이 일본의 대표적인 명사들이 되었다.

하시모토 선생은 슬로 리딩의 원칙으로 3가지를 제시한다. 천천히 읽고, 깊고 철저하게 파고들면서 읽고, 상상하고 경험하고 체화하면서 읽기이다. 일례로 『은수저』 전반부에 막과자라는 주전부리가 나올 때면, 막과자 관련 자료를 조사하고 실제로 먹어보기도 하고 막과자가 등장한 배경을 다함께 생각해보는 수업을 진행한다. 이렇게 천천히 읽다 보니 책 한 권을 읽는 데 3년이 걸릴 수밖에 없지만 책 한 권을 통해 얻을 수 있는 것들은 무궁무진한 것이다. 책읽기에 대한 관심은 말할 것도 없고, 책 속에 쓰여진 단어 하나 문장 하나에까지 세심하게 신경을 쓰면서 읽게 된다. 이 과정에서 아이의 관찰력, 상상력, 사고력 등이 좋아지게 된다.

하시모토 선생이 즐겨 사용한 슬로 리딩이야말로 고전 읽기의 가장 좋은 방법이라 할 수 있다. 하룻밤 단숨에 읽는 것도 의미가 있겠지만 일주일, 한 달 혹은 한 학기에 걸쳐 천천히 읽는 고전이야말로 인생의 책이 될 수 있을 것이다.

07

집중하며 읽는 책,
몰입해서 읽기

무슨 일이든지 지속적으로 하기 위해서는 그 일에서 쾌감을 느껴야 한
다. 한 번 쾌감을 느끼면 그 감정을 또 느끼기 위해서라도 그 일을 지속
적으로 하게 된다. 책읽기도 똑같다. 책을 읽으면서 쾌감을 느껴본 아이
는 그 쾌감을 잊지 못해 계속해서 책을 읽는다.

책에 빠져들수록
행복은 커진다

———

보통 사람들은 마라톤을 하는 사람들을 잘 이해하지 못한다. 굉장히 힘

들고 재미없어 보이기 때문이다. 하지만 마라톤을 즐기는 사람들한테는 다 그럴 만한 이유가 있다. '러너스 하이Runner's High'라는 기분을 느끼기 위해서다. 러너스 하이란 처음 달릴 때는 고통스럽다가 30분 이상 달리면 몸이 가벼워지고 머리가 맑아지면서 기분이 최고조에 이르는 황홀경을 말한다. 이 기분을 맛보았기 때문에 사람들이 그 고통스러운 마라톤을 그만두지 못하는 것이다.

책읽기에도 러너스 하이와 같은 기분이 있다. 바로 '독서 몰입'이다. 『하루 30분 혼자 읽기의 힘』의 저자 낸시 앳웰Nancie Atwell은 독서 몰입을 '리딩 존Reading Zone'이라고 표현했다. 책을 읽다 보면 책에 빨려 들어가는 순간이 찾아온다. 이때는 누가 내 옆에 있는지도 의식하지 못한다. 책속으로 빨려 들어가 마치 내가 등장인물이 된 것처럼 느낀다. 또한 시간이 어떻게 지나가는지도 모르고, 심지어 내가 어디에 있는지도 의식하지 못한다. 그야말로 책읽기에 흠뻑 빠지는 것이다.

책과 내가 하나되는 독서 몰입에 빠지면 몸은 현실에, 정신은 책 속에 자리한다. 머릿속에서는 영화보다 더 재미있는 영화가 상영된다. 책장을 넘기는 것조차 알아채지 못한다. 심지어는 등장인물의 감정에 따라 크게 웃기도 하고 울기도 한다. 이와 같은 독서 몰입을 맛본 아이들은 책을 아주 좋아하게 된다. 그 맛을 잊지 못해 책을 자꾸자꾸 읽는다. 마치 마라토너들이 러너스 하이를 맛보기 위해 계속 마라톤을 하듯이 아이는 독서 몰입을 경험하기 위해 계속 책을 읽는다.

독서 몰입의 4가지 조건

아이들이 독서 몰입을 제대로 경험하려면 다음과 같은 몇 가지 조건이
충족되어야 한다.

조건1. 최소 30분 정도의 책읽기 시간을 확보해준다

누구라도 책을 읽자마자 책에 몰입하는 경우는 거의 없다. 몰입을 하려
면 충분한 시간이 필요하며, 이 시간은 개개인마다 차이가 심하다. 책을
능숙하게 읽는 아이일수록 몰입에 필요한 시간이 줄어들기 마련이다.
독서 전문가들은 독서 몰입을 하기 위해선 최소 10분의 시간이 필요하
다고 이야기한다. 그러므로 개인차 및 전문가의 의견을 종합해볼 때 독
서 몰입을 하려면 넉넉히 30분 정도의 시간이 있어야 한다.

조건2. 좋은 책을 읽힌다

아이들이 독서 몰입을 제대로 경험하려면 우선 좋은 책을 읽어야 한다.
어린아이들일수록 특히 이야기책이 좋다. 책 속에 아이들이 좋아할 만
한 매력적인 주인공이 등장한다면 금상첨화다. 아이들이 훨씬 더 쉽게
이야기 속으로 빠져들 수 있기 때문이다.

조건3. 고요한 분위기를 유지해준다

특히 귀가 예민한 아이들은 주변이 조용하지 않으면 책읽기에 어려움
을 호소하는 경우가 많다. 사실 독서 몰입이 된 후에는 주변이 아무리

소란스러워도 별로 문제가 되지 않는다. 그러므로 독서 몰입이 되기까지는 최대한 조용한 분위기를 유지해주는 것이 좋다.

조건4. 편안한 자세로 책을 읽게 한다

아이가 독서 몰입을 하기 위해서는 편안한 자세로 책을 읽어야 한다. 물론 편한 자세라고 해서 한없이 늘어져도 된다는 이야기는 아니다. 편안한 자세를 유지하기 위해 쿠션 등을 사용할 수 있다는 의미이다.

08

재미있고 신나게 읽는 책,
즐기며 읽기

부모들은 흔히 어떤 책을 읽혀야 할지를 고민한다. 하지만 이 물음에 한 마디로 답변하기는 어렵다. 사람마다 생긴 모습이 다르고 좋아하는 음식이 다르듯 좋아하는 책도 모두 다르기 때문이다. 미국도서관협회에서 책을 권할 때 적용하는 기준은 '적서適書를 적기適期에 적자適者에게 (The right book for the right person at the right time)'이다. 여러 가지 경로와 방법을 통해 아이의 처지와 형편에 맞는 책을 구했다면 다음으로 고민해야 할 문제는 '어떻게 읽힐 것인가'이다. 여기서 가장 핵심은 '즐겁게'이다. 그래야 아이도 책읽기가 즐겁다는 사실을 깨닫고, 책읽기에 더욱 빠져들 수 있기 때문이다.

즐기면서 책을 읽을 수 있는
7가지 방법

사람은 어떤 일을 기억할 때 내용보다는 그때의 기분을 더 생생하게 기억하는 경향이 있다. 책을 읽을 때, 내가 어떤 책을 읽었는지도 중요하지만 내가 그 책을 읽고 나서 기분이 어땠는지가 더 중요한 것처럼 말이다. 아이가 어떤 책을 읽고 나서 기분이 좋아졌다면 내용뿐만 아니라 책읽기 자체에 대한 좋은 이미지를 형성해 책을 좋아하는 아이로 거듭날 수 있게 된다. 따라서 부모는 어떻게 하면 자녀가 즐겁게 책을 읽을 수 있을지를 고민해야 한다. 다음에 소개하는 몇 가지 방법을 참고해 아이에게 맞는 즐거운 책읽기 방법을 찾아보길 바란다.

방법1. 쉬운 책 읽기

아이가 책을 충분히 즐기면서 읽으려면 어려운 책보다는 쉬운 책을 먼저 권해야 한다. 내용이 무거운 책보다는 가벼운 책을 읽을 때 마음 편하게 즐기면서 읽을 수 있다. 일찍이 심리 언어학자 프랭크 스미스Frank Smith는 "아이들은 오직 책을 읽는 것을 통해 읽기를 배운다. 따라서 읽기 능력을 향상시키는 유일한 방법은 쉬운 책을 읽히는 것이다"라고 말했다.

방법2. 꽃그늘 아래서 읽기

봄이 돌아와 나무에 꽃이 피면 꽃그늘이 진다. 이 꽃그늘은 꽃 색깔을 닮아 하얗기도 하고 빨갛기도 하다. 특히 벚꽃 나무는 꽃그늘조차도 눈이 부시다. 이렇게 아름다운 꽃그늘 아래에서 책 읽는 모습은 마치 영화 속의 한 장면 같다. 이런 분위기 속에서는 누구나 시인이 된다. 이야기 책을 읽어도 좋고 운치를 생각해서 동시를 읽으면 더욱 좋다.

방법3. 개울물에 발 담그고 읽기

개울물에 발 담그고 책 읽기는 더운 여름날에 꼭 해봄직한 활동이다. 차가운 개울물에 수박을 한 덩이 담가 놓고 개울물 소리와 바람 소리를 들으면서 책 읽는 걸 싫어할 아이는 단 한 명도 없을 것이다.

방법4. 매미 소리 들으며 읽기

깊어가는 여름, 한낮에 맴맴 울어대는 매미 소리를 들으며 나무 그늘이나 정자에 누워 책 읽는 모습을 상상해보라. 책을 읽다가 졸리면 잠깐 잠들어도 좋다. 그때 만약 아이가 『백설공주』를 읽다가 잠든다면 일곱 난쟁이와 노는 꿈을 꾸지 않을까?

방법5. 가장 편한 자세로 읽기

우리는 가끔 일상에서 벗어나 여행을 떠난다. 일상의 여행처럼 책읽기에도 일탈이 필요하다. 물론 바른 자세로 앉아 책을 읽는 게 좋지만, 가끔은 세상에서 가장 편한 자세로 책을 읽어도 괜찮다. 정말 눈으로만 읽어도 술술 넘어가는 책이야말로 이때 읽으면 딱 좋다.

방법6. 친구를 초대해 함께 읽기

아이한테는 친구를 집에 초대해 하룻밤을 같이 자는 것만큼 색다른 경험도 드물다. 책을 좋아하는 친구를 초대해서 친구와 함께 실컷 책을 읽다가 같이 잠드는 경험을 할 수 있다면 그 아이는 얼마나 행복할까?

방법7. 동생에게 읽어주기

사람은 남을 위해 수고하고 애쓸 때 가장 높은 자존감을 느낀다. 책을 읽을 때도 자신만을 위해 읽을 때보다는 남을 위해 읽을 때 더 큰 자존감을 형성한다. 아이는 자기보다 더 어린 동생에게 책을 읽어줄 때 자신이 지금껏 알지 못했던 뿌듯함을 느낀다. 스스로를 정말 대견하게 생각할 것이며, 내가 정말 쓸모 있는 사람이라는 걸 알게 될 것이다. 만약 외둥이라면 부모님 혹은 조부모님께 책을 읽어줘도 비슷한 효과를 볼 수 있다.

09

배경지식이 되는 책,
교과서와 함께 읽기

세상에 읽어야 하는 책은 널렸다. 아이에게 이 많은 책을 다 읽힐 수는 없다. 어쩔 수 없이 '선택과 집중' 문제에 봉착할 수밖에 없다. 어떤 책을 우선적으로 읽게 할 것인가? 실용성이나 가성비를 따지지 않을 수 없다. 아이의 학업에 조금이라도 더 많은 도움을 줄 수 있는 책을 다른 책들보다 우선적으로 읽히고 싶은 게 부모들의 마음일 것이다. 이런 부모들에게는 교과서 작품이나 교과서 관련 작품을 먼저 읽혀볼 것을 권한다.

수업준비도가
달라지게 만드는 책읽기

1학년 한 여자아이가 국어 시간에 다른 국어 시간과 다르게 굉장히 수업에 적극적으로 참여하고 집중을 잘했다. 이상했다. 평소에 이 여자아이는 수업에 별로 관심이 없고 딴청을 피우거나 자기 하고 싶은 것을 하는 일이 많았기 때문이다. 수업이 끝나고 쉬는 시간에 칭찬해주기 위해 한 마디 건넸다.

"오늘 국어 시간에 굉장히 집중 잘하더라. 훌륭하다."

이 말을 듣더니 아이가 조금은 쑥스럽다는 듯이 대답한다.

"선생님, 저요, 『난 책이 좋아요』 책 50번도 더 읽어봤어요."

그제야 이 아이가 수업 시간에 집중한 이유를 알게 되었다. 국어 시간에 앤서니 브라운 작가의 『난 책이 좋아요』라는 책의 내용을 배웠는데, 이 아이는 이미 이 책을 읽은 것이다. 그것도 자기가 좋아하는 책이라 10번도 더 읽은 것이다. 자기가 잘 알고 있는 내용을 배우는 국어 시간이다 보니 이 아이는 평소보다 수업에 관심이 생기고 적극적으로 참여한 것이다.

교과 관련 책읽기는 이처럼 아이의 수업준비도를 좋게 만든다. 수업준비도가 좋아지다 보니 수업 내용에 대해 관심이 많아지고 이해도 쉬워진다. 수업의 방관자에서 적극적 참여자로 변신하게 된다. 뿐만 아니라 교사나 친구들에게 인정받을 기회를 얻을 수도 있다.

온전한 작품을 읽힌다

국어 교과서에는 많은 작품들이 등장한다. 요즈음 교과서에는 글이나 그림이 대부분 유명한 작품에서 가져온 것이 대부분이다. 때문에 글도 수준 있고 삽화들도 세련됐다. 다만 아쉬운 점은 지면상 작품을 온전히 가져오지 못하고 일부분만 가져왔기 때문에 온전한 작품으로 감상하기는 어렵다는 것이다. 국어 교과서에 등장하는 작품은 원작품을 찾아 읽어볼 필요가 있다. 앞서 소개한 『난 책이 좋아요』 책도 실제 책과 교과서가 주는 느낌에 차이가 있다. 원래 책의 느낌이 훨씬 생동감 있고 더 와닿는다. 이 차이는 아마 유명한 화가의 작품을 실제로 보는 것과 화집을 통해 보는 정도의 차이가 아닐까 싶다. 교과서에 등장하는 작품들은 가급적 작품이 온전하게 실린 책을 구입해서 읽어볼 것을 권한다.

책 제목	지은이	출판사	관련단원
『라면 맛있게 먹는 법』	권오삼	문학동네	1학기 2단원
『우리 동요-랄랄라 신나는 인기 동요 60곡』	작자 미상	애플비북스	1학기 4단원
『어머니 무명치마』	김종상	창비	1학기 4단원
『이가 아파서 치과에 가요』	한규호	받침없는동화	1학기 4단원
『구름 놀이』	한태희	아이세움	1학기 6단원
『동동 아기 오리』	권태응	다섯수레	1학기 6단원
『글자동물원』	이안	문학동네	1학기 6단원
『아가 입은 앵두』	서정숙	보물창고	1학기 7단원

책 제목	지은이	출판사	관련단원
『강아지 복실이』	한미호	국민서관	1학기 8단원
『꿀 독에 빠진 여우』	안선모	보물창고	1학기 8단원

책 제목	지은이	출판사	관련단원
『까르르 깔깔』	이상교	미세기	2학기 1단원
『난 책이 좋아요』	앤서니 브라운	웅진주니어	2학기 1단원
『콩 한 알과 송아지』	한해숙	애플트리태일즈	2학기 4단원
『1학년 동시 교실』	이준관	주니어 김영사	2학기 5단원
『몰라쟁이 엄마』	이태준	우리교육	2학기 5단원
『도토리 삼 형제의 안녕하세요』	이현주	길벗 어린이	2학기 7단원
『소금을 만드는 맷돌』	홍윤희	예림아이	2학기 7단원
『나는 자라요』	김희경	창비	2학기 8단원
『숲 속 재봉사』	최향랑	창비	2학기 10단원
『엄마 내가 할래요!』	장선희	장영	2학기 10단원

수학 동화를 읽힌다

수학은 자칫 어렵고 딱딱하게 느끼기 쉬운 교과목이다. 하지만 어렵고 딱딱한 수학 내용을 재미있는 이야기로 만들어서 동화처럼 읽을 수 있다면 아이의 반응은 어떨까? 수학에 대한 거부감이 훨씬 덜할 뿐만 아니라 수학에 대한 호기심이 높아지고 심지어 수학을 좋아하게 만들 수도 있다. 뿐만 아니라 수학 개념 원리에 대한 깊이 있는 이해를 가능하게 해서 수학에 대한 자신감까지도 갖게 할 수 있다. '수학 동화'가 가진 매력이다.

수학 동화는 어렵거나 딱딱한 수학의 개념 원리를 아이들이 좋아하는 동화 형식의 스토리를 만들어 소개한 책이다. 책읽기는 좋아하는데 수학을 싫어하거나 거부감을 가진 아이들에게 특히 좋은 효과를 발휘할 수 있다.

[1학년 수학 개념 원리 이해를 돕는 영역별 수학 동화]

수학 영역	책 제목	지은이	출판사
수와 연산	『양치기 소년은 연산을 못한대』	박영란	동아사이언스
	『수학아 수학아 나 좀 도와줘』	조성실	삼성당
	『수학마녀의 백점 수학』	서지원	처음주니어
	『신통방통 받아올림』	서지원	좋은책어린이
	『덧셈놀이』	로렌 리디	미래아이
	『뺄셈놀이』	로렌 리디	미래아이
도형	『도형, 놀이터로 나와!』	조성실	북멘토
	『헨젤과 그레텔은 도형이 너무 어려워』	고자현	동아사이언스
	『신통방통 도형 마무리』	서지원	좋은책어린이
	『성형외과에 간 삼각형』	마릴린 번즈	보물창고
측정	『시계와 시간』	로지 호어	어스본코리아
	『알쏭달쏭 알라딘은 단위가 헷갈려』	황근기	동아사이언스
	『쉿! 신데렐라는 시계를 못 본대』	고자현	동아사이언스

	『신통방통 길이 재기』	서지원	좋은책어린이
규칙성	『쌀기나무, 널 쓰러뜨리마!』	강미선	북멘토

교과 주제와 관련된 책을 읽힌다

'바른 생활', '슬기로운 생활', '즐거운 생활'이 합쳐진 통합 교과는 아이들이 비교적 좋아하고 재미있어 한다. 수학을 어려워하는 아이들이 있어도 통합 교과를 어렵게 생각하는 아이는 드물다. 그런데 아이러니하게도 통합 시간에 아이들의 수준 차가 가장 적나라하게 드러나기도 한다.

1학년 아이들과 통합 교과의 여름 교과서를 가지고 가족의 호칭을 배우는 시간이었다. 많은 아이들이 고모, 이모, 이종사촌, 고종사촌과 같은 가족의 호칭에 대해서는 어려움을 호소한다. 그런데 유달리 한 아이는 가족 호칭을 잘 알고 있어 신기했다. 알고 보니 이 아이는 『가족의 가족을 뭐라고 부르지?』 책을 읽어서 사전 배경지식이 있었던 것이다.

통합 교과는 봄, 여름, 가을, 겨울과 같은 대주제를 가지고 배우는 교과목이다. 때문에 이와 관련된 책을 많이 읽은 아이가 절대적으로 유리한 과목이다. 사전지식이 많은 아이는 교사의 물음에 적극적으로 답변할 뿐만 아니라 관련 활동을 시켜도 남다른 내용을 표현할 수 있게 된다. 통합 시간에 돋보이는 아이로 만들고 싶다면 교과 관련한 책을 교과 진도에 맞춰 사전에 읽히면 된다.

[1학년 1학기 봄 교과서 1단원 '학교에 가면' 관련 도서]

책이름	저자	출판사
『우리는 호기심쟁이 1학년』	송재환	위즈덤하우스
『학교 가기 조마조마』	어린이 통합교과 연구회	상상의집
『처음 학교 가는 날』	제인 고드윈	파랑새어린이
『학교 처음 가는 날』	김하루	국민서관
『학교에서 사귄 첫 친구예요』	김하늬	밝은미래
『얘들아, 학교 가자』	강승숙	사계절
『발견! 우리학교 이곳저곳』	이시즈 치히로	토토북
『난 학교가 좋아!』	알랭 시세	톡

[1학년 1학기 봄 교과서 2단원 '도란도란 봄 동산' 관련 도서]

책이름	저자	출판사
『나의 봄 여름 가을 겨울』	린리쥔	베틀북
『봄이 오면』	한자영	사계절
『봄은 어디쯤 오고 있을까』	어린이 통합교과 연구회	상상의 집
『꽃장수와 이태준 동화나라』	이태준	웅진주니어
『아주 작은 씨앗이 자라서』	황보연	웅진주니어
『우리 순이 어디 가니』	윤구병	보리
『고향의 봄』	이원수	파랑새어린이
『씨앗은 무엇이 되고 싶을까?』	김순한	길벗어린이
『봄 숲 봄바람 소리』	우종영	파란자전거

[1학년 1학기 여름 교과서 1단원 '우리는 가족입니다' 관련 도서]

책이름	저자	출판사
『가족의 가족을 뭐라고 부르지?』	채인선	미세기
『가족은 꼬옥 안아주는 거야』	박윤경	웅진주니어
『가족 나무 만들기』	로렌 리디	미래아이
『나와 우리 가족』	로랑스 질로	월드아이즈
『닮은꼴 우리 가족』	전선영	어썸키즈
『붕어빵 가족』	김동광	미래엔아이세움
『근사한 우리 가족』	로랑 모로	로그프레스
『가족의 가족』	어린이 통합교과 연구회	상상의집
『백만 년 동안 절대 말 안 해』	허은미	웅진주니어
『고릴라 할머니』	윤진현	웅진주니어

[1학년 1학기 여름 교과서 2단원 '여름 나라' 관련 도서]

책이름	저자	출판사
『스티나의 여름』	레나 안데르손	청어람아이
『노란 우산』	류재수	보림
『정우의 여름』	이월	키즈앰
『심심해서 그랬어』	윤구병	보리
『수박 수영장』	안녕달	창비
『더위야 썩 물렀거라!』	신동경	웅진주니어
『여름휴가』	장영복	국민서관
『여름 이야기』	질 바클렘	마루벌

『냉장고의 여름방학』	무라카미 시코	북뱅크
『여름이 왔어요』	윤구병	휴먼어린이

[1학년 2학기 가을 교과서 1단원 '내 이웃 이야기' 관련 도서]

책이름	저자	출판사
『뒷집 준범이』	이혜란	보림
『이슬이의 첫 심부름』	쓰쓰이 요리코	한림
『이웃사촌』	클로드 부종	물구나무
『이웃의 이웃에는 누가 살지?』	채인선	미세기
『아멜리아 할머니의 정원』	릴라아나 스태포드	국민서관
『나는 아무나 따라가지 않아요!』	다그마 가이슬러	풀빛
『내가 라면을 먹을 때』	하세가와 요시후미	고래이야기
『핀두스가 이사를 간대요』	스벤 누르드크비스트	풀빛
『우리 이웃 이야기』	필리파 피어스	논장
『이웃집 통구』	강정연	해와나무
『하늘 100층짜리 집』	이와이 도시오	북뱅크

[1학년 2학기 '가을' 교과서 2단원 '현규의 추석' 관련 도서]

책이름	저자	출판사
『솔이의 추석 이야기』	이억배	길벗어린이
『달이네 추석맞이』	선자은	푸른숲주니어
『씨름 도깨비의 추석』	김효숙	키즈엠

『가을을 파는 마법사』	이종은	노루궁뎅이
『울긋불긋 가을 밥상을 차려요』	김영혜	시공주니어
『분홍 토끼의 추석』	김미혜	비룡소
『더도 말고 덜도 말고 한가위만 같아라』	김평	책읽는곰
『가을 숲 도토리 소리』	우종영	파란자전거
『할머니, 어디 가요? 밤 주우러 간다!』	조혜란	보리
『가을』	소피 쿠샤리에	푸른숲주니어

[1학년 2학기 겨울 교과서 1단원 '여기는 우리나라' 관련 도서]

책이름	저자	출판사
『우리나라를 소개합니다』	표시정	키다리
『우리나라 지도책』	최설희	상상의집
『하늘 높이 태극기』	어린이 통합교과 연구회	상상의집
『안녕, 태극기』	박윤규	푸른숲주니어
『햇빛과 바람이 정겨운 집, 우리 한옥』	김경화	문학동네어린이
『오방색이 뭐예요?』	임어진	토토북
『신통방통 한복』	박현숙	좋은책어린이

[1학년 2학기 겨울 교과서 2단원 '우리의 겨울' 관련 도서]

책이름	저자	출판사
『눈사람 아저씨』	레이먼드 브릭스	마루벌
『겨울이 왔어요!』	찰스 기냐	키즈엠
『겨울』	소피 쿠샤리에	푸른숲주니어
『겨울이 좋아!』	로버트 뉴베커	엔이키즈
『눈사람아, 춥겠다』	설용수	바우솔
『수잔네의 겨울』	로트라우트 수잔네 베르너	보림qb
『겨울은 재밌다!』	제르마노 쥘로	키즈엠
『쿠키 한 입의 인생 수업』	에이미 크루즈 로젠탈	책읽는곰

5장

깊이 있는
아이로 만드는
독후 활동

독후 활동은 책을 읽고 나서 내용과 관련해 다각적으로 생각해보고 다양하게 표현해보는 활동이다. 독후 활동에 대해서는 전문가들 사이에서도 의견이 분분하다. 하지만 분명한 건 아이에게 좀 더 효과적으로 책을 읽히기 위해서는 독후 활동이 꼭 필요하다는 사실이다. 어떻게 독후 활동을 하느냐에 따라 책읽기의 질이 결정된다. 독후 활동이 동반되지 않는 책읽기는 매우 피상적이고 막연하게 흐를 수 있다. 어떤 형태로든지 독후 활동을 하면 아이의 좋은 독서 습관 형성에 도움이 된다. 그렇다고 독서 감상문처럼 쓰기 일색으로 독후 활동을 진행하면 득보다는 실이 많아질 수 있다. 독후 활동을 하기 싫어 아이가 책을 거부할 수도 있기 때문이다. 부모의 지혜를 가장 많이 요하는 부분이다. 독후 활동은 그 수를 헤아릴 수 없을 만큼 다양하다. 이 장에서는 초등학교 1학년 아이들 수준에서 해볼 만하고 효과가 있는 활동 위주로 소개하고자 한다.

입으로 하는 독후 활동

초등학교 1학년 아이들의 평소 목소리는 상상을 초월한다. 단순한 고함에서부터 비명에 이르기까지 듣고 있다 보면 귀가 따가울 지경이다. 쉬는 시간, 1학년 교실의 소음은 공사장이나 공항 소음에 비할 바가 아니다. 그런데 희한하게도 큰 소리로 떠들던 아이들에게 수업 시간에 발표를 시켜보면 목소리가 기어들어 간다. 방금 전, 그렇게 목청 높여 떠들던 아이가 맞나 싶다.

자녀를 발표 잘하는 아이로 키우기 위해 웅변이나 논술 학원 등에 보내는 부모를 심심찮게 볼 수 있다. 하지만 아무리 학원을 다닌다고 해도 발표력은 쉽게 좋아지지 않는다. 발표력은 단순한 기술이 아닌 일종의 말하기이기 때문이다. 말을 잘하는 사람은 대부분 책을 많이 읽은 사람이다. 그런 면에서 책을 많이 읽은 아이는 어휘력이 풍부하고 좋은 표현들을 많이 알고 있기 때문에 말을 할 때 자신감이 흘러넘친다. 자신감이 있는 사람은 당연히 목소리가 당당하고 클 수밖에 없다. 반면 책을 읽지 않은 아이는 알고 있는 어휘가 빈약해 자신의 생각을 말로 표현할 때 주저주저한다. 목소리가 기어들어 가는 건 물론이다.

조리 있게 말을 잘하며, 자신감 있게 발표하는 아이로 자녀를 키우고 싶다면 책을 읽고 나서 입으로 하는 독후 활동을 되도록 많이 해볼 것을 권한다. 책을 읽으면 말이 하고 싶어진다. 부모가 그 물꼬를 잘 터주면 될 일이다.

북 토크

북 토크란 자신이 읽은 책에 대해 간략하게 소개하고 이야기하며, 줄거리부터 느낀 점에 이르기까지 대화 형식으로 자유롭게 말하는 것을 의미한다. 북 토크에는 따로 정해진 형식이나 틀이 없다. 책을 읽으면서 어떤 점이 재미있었는지, 새로 알게 된 사실은 무엇인지, 어느 부분이 감동적이었는지 등에 대해 1, 2분 이내로 짧게 말하면 된다.

1학년 아이들과 『강아지똥』이란 책을 읽고 북 토크를 했는데, 한 아이가 "강아지똥이 참새한테 더러운 똥이라고 무시당했을 때 정말 슬펐습니다. 나는 그러지 않아야겠다고 생각했습니다"라고 말했다. 단순해 보이지만 이런 것도 일종의 북 토크라 할 수 있다. 만약 부모가 이 말을 들었다면 "너도 무시당한 적이 있었니?"라고 반문할 수 있었을 것이다. 그러면 아이는 그 질문에 대해 나름대로 대답할 것이다. 이런 식으로 대화가 진행되는 것이 북 토크다.

북 토크의 일종인 '1분 스피치'도 1학년 아이들이 하면 좋은 독후 활동이다. 읽은 책에 대해 가족들 앞에서 발표하듯이 큰 소리로 말하는 것이다. 이는 대화와는 또 다르다. 1분 스피치는 일종의 조리 있게 말하기이다. 1분 스피치를 시켜보면 저학년은 말할 것도 없고, 고학년 아이들도 1분을 채우지 못하거나 두서없이 말하면서 하염없이 시간을 흘려보낸다. 아이들에게 읽은 책에 대해 1분 스피치를 하라고 하면 평소에는 그렇게 떠들다가도 한순간에 꿀 먹은 벙어리가 된다. 1분 스피치를 잘하려면 책 내용을 일사불란하게 말하는 사고력이 필요하기 때문이다. 주인공은 누구인지, 중요한 일이 왜 일어났는지, 그 일이 어떻게 끝났는지, 자신의 느낌은 어떤지 등을 기억해야 한다. 체계적이고 논리적인 사고가 부족한 아이는 1분 스피치를 제대로 할 수 없다.

1분 스피치를 유난히 어려워하는 아이라면 그 이유를 정확하게 알아볼 필요가 있다. 단순히 여러 사람들 앞에서 말하는 게 쑥스러워서인지, 아니면 내용을 간추리는 게 까다로워서인지, 그것도 아니면 발표 내용을 기억하는 게 힘들어서인지 등을 확인해야 한다. 하지만 여기서 꼭 유념할 사항은 말하기에 소질이 없다고 해서 느낌까지 없는 것은 아니라는 사실이다. 느낌은 충분히 있지만 단지 말로 표현을 하는 데 서툴 뿐이다. 말로 표현하는 데 서툰 아이가 춤, 노래, 악기, 그림 등으로 더 잘 표현할 수도 있다.

질문하기

아이가 책에 대해 말하게 하려면 책에 대한 질문을 하면 된다. 질문하기는 아이가 생각하면서 책을 읽을 수 있게 하는 가장 좋은 방법인 동시에 아이와 책에 대해 이야기할 수 있는 멋진 통로가 된다. 이때 가장 유의해야 할 사항이 바로 질문의 수준이다. "주인공은 누구니?", "줄거리 한번 말해봐"처럼 단순한 질문만 하면 단순한 답변밖에는 나오지 않는다. 이런 질문으로는 '생각하면서 책읽기'를 유도할 수 없다. 반면에 "작가가 진짜 말하고 싶었던 내용은 무엇일까?", "이때 주인공의 마음은 어땠을까?"처럼 복합적인 질문은 아이가 생각하면서 책을 읽을 수 있도록 도와준다. 무엇보다도 분명한 한 가지는 아이의 수준에 맞춰 질문을 해야 한다는 사실이다. 현재 아이의 수준으로는 턱도 없는데, 상대적으로 부모가 하는 질문의 수준이 너무 높으면 책읽기에 대한 흥미가 반감될 수도 있다.

아이가 책을 읽을 때 부모가 적절히 질문을 하는 건 두말할 필요가 없을 정도로 중요하다. 책을 읽기 전에, 읽는 중에, 읽은 후에 부모가 아이에게 시의적절한 질문을 하면 이를 통해 아이는 조금 더 깊이 있게 책을 읽을 수 있다. 부모는 상황별 질문을 익혀두었다가 그때그때 알맞은 질문을 하면 된다. 질문의 질이 답변의 질을 결정하는 법이다.

다음은 부모가 아이에게 할 수 있는 상황별 질문 리스트이다. 이 내용 중 일부는 『하루 30분 혼자 읽기의 힘』을 참고했다.

상황	질문 내용
항상 할 수 있는 질문	• 지금 몇 쪽을 읽고 있니? • 어때? 재미있니?
때때로 할 수 있는 질문	• 요즘 어떤 책을 읽고 있니? • 읽고 있는 책에서 무슨 일이 일어나고 있니? • 다음에는 어떻게 될까? • 읽어보니까 느낌이 어때? • 벌써 이만큼이나 읽었구나! 지금까지 읽은 부분에 대해서 이야기해줄 수 있니? • 혹시 다시 읽어보고 싶어서 밑줄을 치거나 접어놓은 부분은 없니?
독서 동기와 관련된 질문	• 이 책을 어떻게 알게 되었니? • 이 책을 왜 읽게 되었니?
내용과 관련된 질문	• 가장 기억에 남는 단어가 무엇이니? • 언제 어디에서 일어난 일이니? • 전혀 생각하지 못했던 내용이 있니? • 책 속에 있는 그림은 어떠니? • 이 책의 주제는 무엇이라고 생각하니? • 만약 네가 작가라면 어느 부분을 고치고 싶니? • 가장 흥미롭게 느껴지는 부분은 어디니? • 뒷이야기가 있다면 어떻게 진행되겠니?
등장인물과 관련된 질문	• 이 책의 주인공은 누구니? • 작가가 주인공의 이름을 왜 그렇게 지었다고 생각하니? • 주인공은 어떤 사람이니? • 주인공의 가장 큰 문제점은 무엇이니? • 주인공과 가장 크게 갈등을 일으키는 사람은 누구니? • 만약 네가 이 책을 영화로 만든다면 어떤 배우를 주인공으로 하고 싶니? • 주인공의 말이나 행동 중 가장 기억에 남는 것은 무엇이니? • 만약 주인공이 다른 선택을 했다면 상황이 어떻게 달라졌을 것 같니? • 주인공이 하필이면 그때 왜 그런 행동과 말을 했다고 생각하니? • 그때 주인공의 마음은 어땠을 것 같니?

	• 너와 주인공의 비슷한 점은 무엇이니? • 너와 주인공의 다른 점은 무엇이니? • 등장인물 중 누가 제일 마음에 드니? • 등장인물 중 누가 제일 너의 주변 인물과 닮았니? • 등장인물에게 어떤 별명을 지어주겠니? • 등장인물에게 어떤 상을 주고 싶니?
작가와 관련된 질문	• 이 책을 쓴 작가는 누구니? • 이 작가가 쓴 다른 책을 혹시 읽어보았니? • 이 작가의 문체는 마음에 드니? • 혹시 작가가 이 작품을 쓴 특별한 동기가 있니?
책을 다 읽은 후에 할 수 있는 질문	• 이 책의 장르는 무엇이니? • 이 책에 점수를 준다면 몇 점이니? • 이 책을 누구한테 소개하고 싶니? • 이 책은 간직할 만한 가치가 있다고 생각하니? • 다시 한 번 읽어보고 싶은 생각은 없니? • 만약 네가 출판사 사장이라면 이 책을 어떻게 홍보하겠니? • 다음에는 어떤 책을 읽을 계획이니?
책에 몰입하지 못할 때 할 수 있는 질문	• 책에 나오는 단어가 너무 어렵진 않니? • 책은 읽을 만하니? • 너무 어렵게 느껴지는 부분은 건너뛰고 읽는 게 어떠니? • 이 책을 읽는데 왜 그렇게 시간이 오래 걸렸니?

다음은 책 장르별로 부모가 아이에게 할 수 있는 질문 리스트이다.

장르	질문 내용
그림책, 이야기책	• 표지 그림을 보면 어떤 느낌이 드니? • 제목을 보면 어떤 내용이 나올 것 같니? • 이 인물의 표정이 왜 이렇게 기뻐(슬퍼) 보이니? • 등장인물에게 별명을 지어준다면 어떻게 하겠니? • 만약 네가 작가라면 이 장면을 어떻게 그렸겠니? • 이 책을 친구에게 추천하면서 뭐라고 말하겠니? • 만약 네가 작가라면 마지막 부분을 어떻게 바꾸고 싶니?

	• 이 이야기에서 가장 마음에 드는 부분은 어디니? • 가장 마음에 와닿거나 멋진 문장이 있니? • 모르는 단어가 있다면 무엇이니?
동시, 시	• 읽고 나니 어떤 느낌이 드니? • 멋지게 낭송해볼 수 있겠니? • 점수를 준다면 몇 점 정도를 줄 수 있겠니? • 제목을 잘 지었다고 생각하니? • 바꾸고 싶은 내용이 있니? • 가장 재미있는 표현은 무엇이니? • 흉내를 내보거나 몸으로 표현해보고 싶은 곳은 어디니? • 그림으로 표현한다면 어떻게 그리고 싶니? • 손뼉을 치거나 발 구르기를 하면서 읽어볼 수 있겠니? • 시인을 만나서 어떤 내용을 물어보고 싶니? • 이 시를 노래로 만들어 부른다면 어떨 것 같니?
위인전	• 이 책의 주인공은 누구니? • 어떤 일을 했던 사람이니? • 이 사람이 한 일 중에서 어떤 일이 가장 대단해 보이니? • 주인공이 어렸을 때는 어땠니? • 주인공이 겪은 가장 힘든 일은 무엇이었니? • 주인공은 어떻게 어려운 일을 이겨낼 수 있었니? • 주인공에게 꼭 해주고 싶은 말이 있다면 무엇이니? • 주인공의 어떤 모습을 가장 본받고 싶니? • 만약 이 사람이 현재 우리나라 대통령이라면 어떨 것 같니? • 주인공이 지금 태어난다면 어떻게 될 것 같니?
만화책	• 그림은 마음에 드니? • 어휘 수준은 어떤 것 같니? • 가장 재미있는 장면은 어디니? • 책값은 적당하다고 생각하니? • 너와 가장 닮은 캐릭터는 누구라고 생각하니? • 새롭게 알게 된 사실이 있니? • 네가 바꿔서 그리고 싶은 캐릭터가 있니? • 점수를 준다면 몇 점이나 줄 수 있니? • 소장할 만한 가치가 있는 책이라고 생각하니? • 이 책을 어떤 친구에게 추천하고 싶니?

끝말잇기

초등학교 1학년 교실에서는 친구들끼리 신나게 끝말잇기를 하는 광경을 어렵지 않게 볼 수 있다. 비록 빈약한 어휘력이지만 아주 재미있어하고 즐거워한다. 끝말잇기를 하면 알고 있는 어휘를 최대한 활성화할 수 있다. 아무리 알고 있는 어휘가 많다고 해도 사용하지 않는다면 사장되기 마련이다. 또한 끝말잇기를 통해 그동안 몰랐던 어휘를 알게 될 수도 있다.

1. 단어 끝말잇기

가장 일반적인 끝말잇기는 다음과 같다.

> 연필 – 필통 – 통장 – 장사……

독후 활동으로 끝말잇기를 할 때는 책 제목이나 등장인물의 이름을 활용해서 시작한다.

- 책 제목 활용하기 : 강아지똥 – 똥차 – 차림표 – 표지……
- 등장인물 활용하기 : 흥부 – 부자 – 자동차 – 차도……
- 등장인물만 이어가기 : 강아지똥 – 강아지 – 참새 – 흙덩이 – 소……

2. 문장(구) 끝말잇기

일반적인 끝말잇기를 조금만 변형하면 더 재미있으면서도 아이들의 표현력을 극대화시킬 수 있다. 끝말잇기 하는 단어 앞에 꾸며주는 말을 덧붙이는 것이다.

글씨를 쓸 수 있는 **연필** – 학용품을 넣는 **필통** – 돈이 들어 있는 **통장** – 물건을 팔아 돈을 벌 수 있는 **장사**……

이런 끝말잇기가 쉬워 보이지만 막상 해보면 그렇지 않다. 단어의 핵심 의미를 알아야 할 수 있기 때문이다. 어린아이들일수록 아주 기발한 표현이 많이 나온다. 책을 읽은 다음에는 등장인물을 위와 같은 방식으로 표현하면서 끝말잇기를 하면 훨씬 더 재미있다. '등장인물 끝말잇기'를 할 때는 일반적인 끝말잇기와 달리 앞 단어의 끝말과 뒤 단어의 첫말이 이어지지 않아도 상관없다. 억지로 말을 만드는 것보단 책 속의 등장인물을 얼마만큼 잘 설명하느냐가 관건이기 때문이다. 예를 들어 『강아지똥』을 읽고 나선 다음과 같은 등장인물 끝말잇기를 할 수 있다.

불쌍한 **강아지똥** – 무정한 **농부** – 똥 잘 싸는 **흰둥이** – 더러운 것 싫어하는 **참새** – 아름답게 꽃을 피운 **민들레** – 먹는 것을 좋아하는 **어미닭** – 남을 위해 희생한 **강아지똥**……

등장인물 끝말잇기를 하면 한 인물에 대해 여러 번 다양하게 표현할

수 있다. 이런 과정을 통해 아이는 등장인물에 대해 다각도로 생각하게
되고, 더 나아가서는 등장인물을 입체적으로 이해할 수 있게 된다.

02

손으로 하는 독후 활동

우리가 책을 읽는 궁극적인 목적은 무엇일까? 어떤 사람은 재미를 위해 책을 읽고, 어떤 사람은 정보나 지식을 얻기 위해, 또 다른 사람은 깨달음을 얻기 위해 책을 읽는다. 필자는 개인적으로 자기 자신을 잘 표현하기 위해 책을 읽는다고 생각한다. 사람은 자신의 생각이나 느낌, 감정 등을 각기 다른 방식으로 표현하고 싶어 한다. 노래를 잘하는 사람은 노래로, 그림을 잘 그리는 사람은 그림으로 표현한다. 그중에서 가장 일반적인 방법은 말과 글이다.

일상생활에서 말과 글은 떼려야 뗄 수 없는 관계에 있다. 어떤 사람은 말과 글을 풍부하게 구사하면서 자신의 생각이나 느낌, 감정 등을 잘 표현한다. 이런 능력이 뛰어난 사람일수록 정체성이 분명하며 자신감이 넘친다. 책을 읽고 글을 써본다는 건 그만큼이나 중요하다. '문장은 눈과 귀로 들어와 혀와 펜으로 나간다'라는 말이 있다. 많은 아이들이 쓰는 것을 별로 좋아하지는 않지만 일단 쓰면 기적이 일어난다. 실제로 무엇인가를 써보는 것만큼 효과가 있는 독후 활동도 드물다. 하지만 손으로 쓰는 것을 지나치게 강조하다 보면 아이들이 책읽기마저도 싫어하게 될 수 있으니 부모들의 지혜가 필요하다.

독서 기록장

독서 기록장에 대해서는 이미 3장에서 소개했으므로 여기서는 생략한다. 다만 아직까지도 아이만의 독서 기록장이 없다면 지금 당장 준비하길 바란다. 하루에 한 시간 정도 꾸준히 독서하는 아이라면 1년에 공책 서너 권 가량의 독서 기록장을 쓸 수 있다. 이렇게 초등학교 6년 내내 작성하면 졸업할 즈음에는 20권 이상의 독서 기록장이 남게 된다. 이는 아이의 독서 이력인 동시에 매우 중요한 기록물이 된다.

항상 같은 방식으로 독서 기록장을 써도 무방하지만 가끔은 독서 감상문을 쓰거나 독서 감상화를 그려보는 것도 좋다. 그리고 가급적이면 책을 읽자마자 독서 감상문을 쓰거나 독서 감상화를 그리도록 한다. 이때 책에 대한 잔상이나 감동이 가장 많이 남아 있기 때문이다. 시간이 지나면 지날수록 이런 작업을 하기가 어려워진다. 어쩌면 독서 감상문을 쓰기 위해 책을 다시 읽어야 하는 사태가 벌어질 수도 있다. 이쯤 되면 책읽기가 독서 감상문을 쓰기 위해 존재하는 중노동이 되는 것이다. 찌개도 막 끓였을 때 가장 맛있듯이, 독서 감상문도 책을 막 읽었을 때 가장 맛있게 쓸 수 있다.

편지 쓰기

아이들은 편지 쓰기를 좋아한다. 비교적 간단히 쓸 수 있으며, 일상생활에서 자주 접하기 때문이다. 편지 쓰기를 활용하면 생각보다 쉽게 독후 활동을 할 수 있다. 독후 활동으로 가장 많이 활용하는 편지 쓰기 주제는 주인공에게 편지 쓰기이다. 주인공에게 편지를 쓸 때는 주인공의 잘한 점이나 훌륭한 점, 본받고 싶은 점 등을 대화하듯이 쓰게 하면 된다.

강아지똥아!

흙이랑 닭이 놀려서 슬펐지? 그리고 민들레한테 도움이 돼서 기뻤지?

나도 너처럼 누구에게 놀림을 받을 때도 있지만 누군가에게 도움이 되기도 해.

살다 보면 못하는 것이 있지만, 잘하는 것도 분명히 있으니까 실망하지 마.

그리고 어떤 것을 해야겠다고 목표를 정해서 열심히 노력하면 잘하는 것이 생기고 못하는 것이 줄어들 거야.

펀치넬로야.

너무 걱정하지 마!

너도 엘리 아저씨가 말한 것처럼 점표를 너무 신경 쓰지 마.

너가 생각하는 것에 따라 점표가 떨어져.

다른 웸믹들이 너한테 점표를 붙였다고 슬퍼하지 말고 엘리 아저씨한테 매일 찾아가.

그러면 너도 행복해질 거야.

첫 번째 글은 1학년 여자아이가 『강아지똥』을 읽고 나서 주인공 강아지똥에게 쓴 편지이고, 두 번째 글은 2학년 남자아이가 『너는 특별하단다』를 읽고 주인공인 펀치넬로에게 쓴 편지이다. 아이는 편지를 쓰면서 책을 조금 더 주의 깊게 읽고, 정서를 보다 더 어른스럽게 재정비한다. 그리고 대다수 아이들은 주인공을 격려하거나 칭찬하는 내용의 편지를 쓴다. 이를 통해 아이는 주인공의 좋은 점을 꼭 닮아야겠다는 의지를 다지기도 하고, 스스로를 반성하기도 한다.

주인공이나 등장인물에게 편지를 쓰는 게 가장 일반적이긴 하나, 저자에게 편지 쓰기도 한번 해볼 만한 활동이다. 또한 책에 대한 감상을 담아 가족이나 친구 등 다양한 사람에게 쓸 수도 있다.

베껴 쓰기

우리가 흔히 필사筆寫라고 부르는 베껴 쓰기는 말 그대로 책을 처음부터 끝까지 베껴 쓰는 독후 활동을 의미한다. 무식한 방법일지 모르지만

한 번 필사하는 것으로 100번 이상 읽은 효과를 거둘 수 있는 방법이기도 하다.

> 너무 힘들었다. 그리고 손가락이 뿌러지드시 아팠다. 근데 좀 재밌기도 하였다. 계속계속 썼는데 끝이 없는 줄 알았다. 마침내 다 썼더니 날아갈 듯이 기뻤다. 내가 대단하다는 생각이 든다.

이 글은 1학년 한 아이가 『아낌없이 주는 나무』라는 책의 필사를 마치고 쓴 소감이다. 글에 필사하는 동안 얼마나 힘들었는지가 잘 나타나 있다. 그럼에도 불구하고 필사를 마쳤을 때 얼마나 뿌듯했는지에 대해 이야기하고 있다.

필사를 하면 눈으로 읽을 때와는 비교할 수 없을 정도로 천천히 읽어야 한다. 그러면서 눈으로 읽을 때 보지 못한 것을 볼 수 있고 느끼지 못한 것을 느낄 수 있다. 책 속에 나오는 좋은 표현을 내 것으로 만들 수 있고, 미처 깨닫지 못했던 것을 깨닫기도 한다. 무엇보다 아이가 큰 자부심을 가질 수 있는 기회가 될 수 있다. 특히 1학년 아이들은 필사를 하면 글씨 쓰기 연습이 될 뿐만 아니라 맞춤법도 배울 수 있어 좋다.

글이 적은 책 중에서 아이가 좋아하는 책을 필사하면 된다. 공책은 줄 공책보다는 네모 칸 공책에 쓰는 것이 글씨 연습이나 띄어쓰기 등을 익히는 데 더 좋다.

동시 쓰기

초등학교 1학년 국어 교과서에는 의성어와 의태어가 많이 나온다. 아이들이 유독 의성어와 의태어에 큰 흥미를 보이기 때문이다. 의성어와 의태어를 활용해 독후 활동을 할 수 있는 가장 좋은 방법 중 하나가 바로 동시 쓰기이다. 섬진강 시인으로 잘 알려진 김용택 선생은 아이들의 상상력을 가리켜 '깨끗한 영혼, 이슬을 단 풀잎'이라고 표현했다. 그만큼 아이들의 상상력은 아름답고 무궁무진하다. 동시 쓰기는 이러한 상상력을 활짝 꽃피우고 표현의 즐거움을 만끽할 수 있는 활동이다.

내 공책	딱지치기
연필에게 긁히느라 힘들었지?	퍽! 딱지치는 소리에
좁은 책꽂이에 있느라 불편했지?	획! 뒤집어지는 딱지
사람 손에 눌려서 아팠지?	헉! 감탄하는 친구들
찢어지고 젖어서 슬펐지?	와! 딱지왕의 탄생
미안하고 고마운 내 공책	

옆의 글은 1학년 아이들이 쓴 동시이다. 1학년 아이들은 누구나 시인이다. 어린아이의 순수한 감성과 상상력은 시인으로서 조금도 손색이 없다. 1학년 아이들의 이러한 감성과 상상력은 책을 읽은 후에도 유감없이 발휘된다.

아래 글에서 한 아이는 『슈바이처』를, 다른 아이는 『파브르 식물 이야기』를 읽고 나서 느낀 점을 동시로 나타냈다. 아이들은 동심이 살아 있고 상상력이 풍부하기 때문에 이런 작품들을 쓸 수 있는 것이다.

아프리카 성자 슈바이처

슈바이처 슈바이처
피땀 흘리고
아프리카 지키고선 떠나버렸네

슈바이처 슈바이처
큰 교훈 주고
저 세상으로
떠나 버렸네

슈바이처 슈바이처
아프리카 성자
슈바이처

똑똑한 식물들

식물들은 참 똑똑해
관다발도 착착 만들고
참 대단해

식물들은 참 똑똑해
물관부는 어떻게 만드는지 몰라
참 대단해

식물들은 참 똑똑해
이렇게 저렇게 유액도 만들고
참 대단해

그림으로 표현하기

1학년 아이들이 가장 좋아하는 독후 활동 중 하나가 그림으로 표현하기이다. 이는 1학년 아이들의 특성과 관련이 깊다. 1학년 아이들에게 집에 가는 길을 설명하라고 하면 말로는 잘 표현하지 못해도 그림으로는 잘 그린다. 아직 문자보다는 이미지가 익숙한 탓이다. 따라서 1학년 독후 활동으로 그림으로 표현하기를 많이 사용하는 것은 굉장히 바람직하다.

그림으로 표현하기는 책을 읽고 난 후 인상적이었던 장면을 상상해서 그림으로 그리는 것이다. 어떤 장면을 그려야 할지 고민하는 아이에게는 다음과 같은 질문을 하면 된다.

"가장 재미있었던 장면은?"
"가장 슬펐던 장면은?"
"가장 아슬아슬했던 장면은?"

상상해서 그리기를 어려워하는 아이에게는 책의 삽화를 그대로 그리게 하거나 참고해서 그리게 하면 좋다. 여기서 주의할 점은 꼼꼼히 색칠을 하다가 지치는 아이들이 간혹 있는데 시간이 너무 많이 걸릴 것 같으면 색칠은 하지 않아도 상관없다. 그리고 그림을 다 그린 다음에 그림에 대해 설명하라고 하면 이는 또 하나의 독후 활동이 될 수 있다.

만화로 나타내기는 그림으로 표현하기의 한 종류로 아이들이 쉽고 재미있게 생각하는 활동이다. 그림을 그리라고 하면 그림에 재능이 없는 아이들의 경우 별로 달가워하지 않는다. 하지만 만화로 표현해보라고 하면 대다수 아이들이 좋아한다.

책을 읽고 나서 내용 중에 감동적이거나 재미있는 장면을 그리라고 한다든지, 혹은 짧은 줄거리를 만들어 만화로 그려보라고 하면 된다. 1학년 아이들한테는 4컷이나 6컷 만화 정도가 적당하다.

동시를 읽었다면 시화 그리기를 하면 된다. 동시의 내용 및 동시를

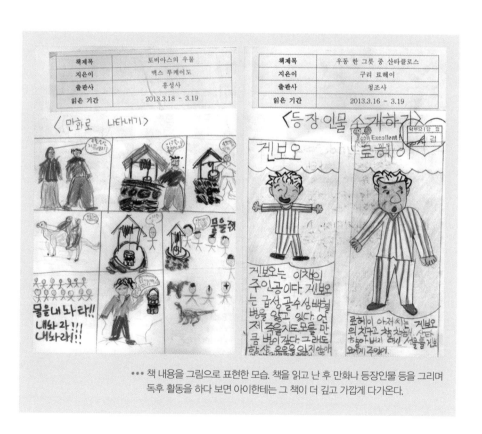

••• 책 내용을 그림으로 표현한 모습. 책을 읽고 난 후 만화나 등장인물 등을 그리며 독후 활동을 하다 보면 아이한테는 그 책이 더 깊고 가깝게 다가온다.

읽은 다음 느꼈던 감동과 잘 어우러질 수 있는 그림을 그리는 것이다. 시화 그리기는 아이의 언어와 정서를 동시에 발달시켜줄 수 있는 활동이다.

책 광고하기

함축적이면서 기발한 발상을 요구하는 광고와 매순간 어디로 튈지 모르는 1학년은 아주 찰떡궁합이다. 이런 이유로 독후 활동을 할 때 광고를 활용하면 아이들이 정말 좋아한다. 책 광고를 만들기 위해 우선 자신이 읽었던 책 가운데 한 권을 선정하게 한다. 그다음 신문에 이 책의 광고를 낸다면 어떻게 하겠는지를 생각하게 한다. 이때 아무런 안내 없이 다짜고짜 광고를 만들라고 하면 이상하게 만드는 아이들이 많으므로 다양한 예시를 준비해 보여주도록 한다. 그러면 아이들은 굉장히 그럴싸하면서도 개성이 넘치는 작품을 만들어낸다.

책 광고하기와 유사한 활동으로는 '책 겉표지 바꿔보기'가 있다. 가장 핵심적인 내용이나 등장인물을 배경으로 그린 다음, 책을 가장 잘 표현할 수 있는 멋진 문장을 써서 넣을 수 있도록 지도하면 된다. 아이는 이 과정에서 최고의 새 표지를 만들기 위해 다시 책을 읽어보거나 많은 생각을 하기도 한다.

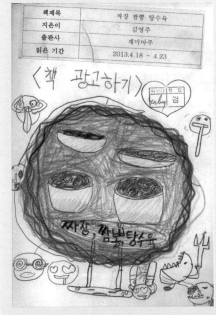

책제목	짜장 짬뽕 탕수육
지은이	김영주
출판사	재미마주
읽은 기간	2013.4.18 - 4.23

〈책 광고하기〉

짜장, 짬뽕탕수육

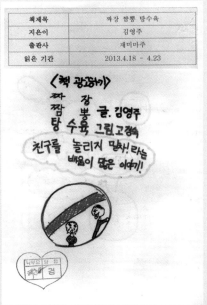

책제목	짜장 짬뽕 탕수육
지은이	김영주
출판사	재미마주
읽은 기간	2013.4.18 - 4.23

〈책 광고하기〉

짜 장
짬 뽕 글. 김영주
탕 수 육 그림.고경숙

친구를 놀리지 말자! 라는
배움이 많은 이야기!

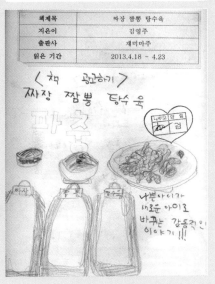

책제목	짜장 짬뽕 탕수육
지은이	김영주
출판사	재미마주
읽은 기간	2013.4.18 - 4.23

〈책 광고하기〉

짜장 짬뽕 탕수육

짜장   짬뽕   탕수육

나쁜아이가
새로운 아이로
바뀌는 감동적인
이야기!!!

••• 『짜장 짬뽕 탕수육』을 읽고 만든 책 광고. 아이는
책 광고를 만들면서 글과 그림으로 자신의 생각
을 압축하는 법을 배워나간다.

마인드맵

마인드맵은 책을 읽고 난 다음 책에 대한 느낌이나 생각들을 마음속에 지도를 그리듯이 표현하는 활동이다. 마인드맵을 그리면 생각을 자유롭게 발산할 수 있을 뿐만 아니라, 꼬리에 꼬리를 무는 구성을 사용하기 때문에 책을 읽기만 할 때보다 기억이 오래갈 수 있다는 장점이 있다. 장황하게 글로 쓰기보단 이미지로 나타내기 때문에 책 한 권이 한눈에 쏙 들어온다.

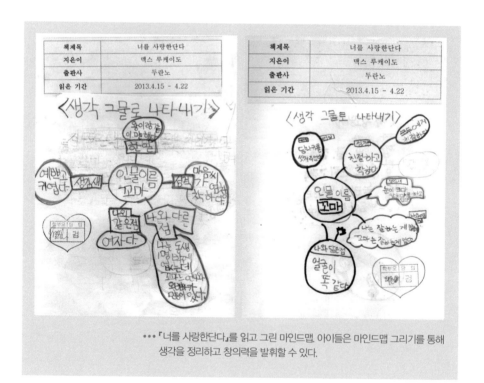

••• 『너를 사랑한단다』를 읽고 그린 마인드맵. 아이들은 마인드맵 그리기를 통해 생각을 정리하고 창의력을 발휘할 수 있다.

마인드맵 그리는 방법

1. 준비하기

종이와 여러 가지 색깔의 펜을 준비한다.

2. 중심 주제 그리기

마인드맵의 정중앙에 가장 핵심적인 단어나 주제를 쓴다. 독후 활동으로 마인드맵을 그린다면 주로 책 제목이 정중앙에 위치할 것이다.

3. 주가지 그리기

중심 이미지와 관련된 주요 주제를 서너 가지 정도 정한 다음 주가지로 그린다. 가지의 시작은 굵게, 끝은 가늘게 하며 가지마다 색깔을 서로 다르게 한다.

4. 부가지 그리기

주가지와 연관해서 생각나는 것들을 부가지로 그린다. 부가지들을 그릴 때 주가지와 같은 계열의 색깔을 쓰면 훨씬 더 기억하기 쉽다. 부가지의 내용은 무엇이든지 다 괜찮다. 다만 단어는 항상 가지 위에 써야 한다.

03

눈으로 하는 독후 활동

고전 읽기의 일환으로 6학년 아이들과 함께 『오만과 편견』을 읽을 때 있었던 일이다. 이 책은 돈 많은 상류층 남자 다아시와 자존심 센 여자 엘리자베스의 잔잔한 사랑 이야기를 그린 고전 중의 고전이다. 주제도 주제지만 분량이 500여 쪽도 넘는 책이라 아이들이 과연 처음부터 끝까지 읽을 수나 있을지 의심스러웠다. 그런데 신기하게도 아이들은 이 책을 매우 좋아했다. 아주 재미있게 잘 읽었을 뿐만 아니라, 나중에 가장 좋았던 고전 베스트 3에 뽑히기도 했다. 이 책이 아이들에게 많은 사랑을 받았던 이유는 간단하다. 책을 읽고 영화를 봤기 때문이다. 일주일 동안 150쪽 정도를 읽은 다음, 그에 해당하는 만큼 영화를 보여주었다. 우리는 원작과 비교를 하며 영화를 감상했다. 스토리를 미처 이해하지 못한 아이들은 영화를 완벽한 이해의 기회로 삼았다. 이런 식으로 한 달에 걸쳐 책읽기를 마쳤다. 아이들은 아주 만족스러워했다. 걱정은 기우에 불과했다.

　책을 읽을 때 영화나 뮤지컬 등 시각 매체를 곁들이면 책읽기가 한결 수월해지고 즐거워진다. 그리고 이러한 매체의 도움을 받으면 자신의 수준보다 높은 책도 얼마든지 충분히 읽어낼 수 있다. 고학년뿐만 아니라 1학년 아이들한테도 이 방법은 얼마든지 적용할 수 있으며, 굉장히 효과적이다.

영화 감상하기

『백설공주』, 『오즈의 마법사』와 같이 이미 잘 알려진 명작들은 거의 대부분 영화나 애니메이션으로 만들어져 있다. 이러한 명작들은 스토리가 탄탄하고, 주인공이 매력적이며, 교육적인 내용을 담고 있기 때문에 아이들에게 매우 유익하다. 이런 책은 되도록 원작으로 읽히는 게 좋다. 그런데 원작은 아이가 한 번에 읽기에 벅찬 두께인 경우가 많으므로 조금씩 나눠서 읽히는 게 바람직하다. 일주일 동안 읽고 싶은 만큼 읽고, 딱 그만큼에 해당하는 영화를 보여주면 된다. 이때 꼭 지켜야 할 원칙이 있는데 반드시 책을 먼저 읽은 다음에 영화를 보는 것이다. 책을 읽은 후에 영화를 보는 건 수월하지만, 영화를 본 후에 책을 읽기란 좀처럼 쉽지 않다. 상상력 자극 측면에서도 책을 먼저 읽는 게 훨씬 유리하다.

뮤지컬 관람하기

2학년 아이들을 가르칠 때 있었던 일이다. 점심시간인데도 한 여자아이가 나가서 놀지 않고 열심히 책을 읽고 있었다. 무슨 책을 읽고 있는지 궁금해서 봤더니 『오즈의 마법사』였다. 300쪽이나 되는 두꺼운 책을 읽는 것이 하도 기특해서 어떻게 이 책을 읽게 되었냐고 넌지시 물어보았다.

"며칠 전에 가족들과 함께 오즈의 마법사 뮤지컬을 봤는데 정말 재미있었거든요. 그래서 꼭 책으로 읽어보고 싶었어요."

참 대단한 아이라는 생각이 들었다. 그리고 제대로 된 책읽기를 한다는 생각이 들었다. 이 아이처럼 책읽기와 뮤지컬을 연계하면 굉장히 효과적으로 작품을 이해할 수 있는 것은 물론, 책읽기에 대한 흥미까지 배가시킬 수 있다.

뮤지컬은 영화와는 달리 책보다 먼저 봐도 크게 문제가 없다. 영화는 영상미를 통해 재미와 감동을 느끼는 것이라 원작 읽기로 잘 연결이 되지 않는다. 하지만 뮤지컬은 스토리나 음악 등을 통해 재미와 감동을 느끼는 것이기에 원작 읽기로 곧잘 연결된다. 아이와 함께 본 뮤지컬이 정말 좋았다면 그것을 계기로 원작 읽기에 도전해보길 바란다. 크게 무리 없이 진행할 수 있을 것이다.

다음은 영화나 뮤지컬 등과 함께 보면 좋은 책 리스트이다.

도서명	저자	출판사
『호두까기 인형』	E.T.A 호프만	시공주니어
『이상한 나라의 앨리스』	루이스 캐롤	인디고
『키다리 아저씨』	진 웹스터	인디고
『피노키오』	카를로 콜로디	시공주니어
『내 이름은 삐삐 롱스타킹』	아스트리드 린드그렌	시공주니어
『플랜더스의 개』	위다	비룡소
『오즈의 마법사』	L. 프랭크 바움	인디고
『백설공주』	그림 형제	인디고

04

귀로 하는 독후 활동

듣기의 중요성은 이루 말할 수 없다. 듣기를 제대로 못하면 절대로 말하기를 잘할 수 없다. 귀담아 듣지 않으면 엉뚱한 소리만 하게 된다. 산만한 아이를 다른 말로 표현하면 듣지 않는 아이다. 그 어떤 말을 해도 들으려고 하질 않으니 교사가 내준 과제를 완수하기란 애초에 불가능하다. 듣지 않는 아이는 절대로 공부를 잘할 수 없다. 듣기 능력은 하루아침에 길러지지 않는다. 잘 들으려면 어휘력, 이해력, 집중력이 필요 하다. 어디 그뿐인가? 같은 말이라도 상대의 표정이나 음색, 어투, 상황에 따라 완전히 다른 말이 될 수 있기 때문에 제대로 듣기 위해서는 상황 판단 능력도 필요하다. 이처럼 듣기 능력은 공부의 출발점이며 성공적인 사회인으로 거듭나기 위해 반드시 갖춰야 할 기본 요소인 셈이다.

다섯 고개 놀이

1학년 아이들은 말하는 것을 정말 좋아한다. 그래서인지 아이들에게 가장 가혹한 형벌은 입을 다물고 있으라는 것이다. 이런 아이들이 좋아하는 말놀이 중 하나가 바로 '다섯 고개 놀이'이다. 일반적으로 '스무 고개'라 부르는 놀이를 아이들 수준에 맞춰 다섯 고개로 줄인 것이다. 이 놀이를 하는 방법은 간단하다. 책을 읽은 후 등장인물이나 사물 등을 소재로 놀이를 진행하면 된다. 예를 들어 『짜장 짬뽕 탕수육』을 읽은 후 제목에 있는 '짜장'이라는 단어로 다섯 고개 놀이를 한다면 다음과 같이 진행할 수 있다.

고개	질문(아이)	대답(부모)	생각나는 것
첫째 고개	살아 있나요?	아니요. 살아 있지 않습니다.	사물, 무생물 등
둘째 고개	먹을 수 있나요?	예. 먹을 수 있습니다.	짜장, 짬뽕, 탕수육 등
셋째 고개	아이들이 좋아하는 음식인가요?	예. 매우 좋아합니다.	짜장, 탕수육 등
넷째 고개	무슨 색깔인가요?	검은색입니다.	짜장
다섯째 고개	몇 글자인가요?	두 글자입니다.	짜장

아이들에게는 문장의 앞뒤를 다 자른 채 단어 위주로 대화를 하는 경향이 있기 때문이다. 이런 현상은 어휘력이 빈곤하거나 문장의 짜임을 완전히 이해하지 못하면 나타난다. 다섯 고개 놀이를 하면 완벽한 문장을 구사하게 되므로 문장의 짜임을 배우고 문장 구사력을 기를 수 있다.

녹음해서 듣기

———

대부분의 아이들은 녹음된 자신의 목소리를 들으면 굉장히 흥분한다. 녹음된 목소리를 듣고선 자기 같지 않다고 비명을 지르거나 뭐가 그리 재밌는지 배꼽을 잡고 교실을 뒹구는 아이들도 쉽게 볼 수 있다. 그래서인지 아이들에게 녹음된 목소리를 들려주면 교실은 거의 통제 불능 상태가 된다. 아이들의 이런 특성을 이용해 색다른 독후 활동을 할 수 있다. 아이들이 책의 일부 내용을 소리 내어 읽을 때 녹음을 해서 그 내용을 들려주는 것이다. 처음에 아이들은 흥분의 도가니에 빠지지만, 시간이 지날수록 녹음 내용을 진지하게 들으며 오히려 스스로 잘 안 되는 것을 찾아내기 시작한다. 더듬거리며 읽는다든지, 목소리가 작다든지, 끊어 읽기가 어색하다든지 등과 같은 문제점을 찾아낸다. 이렇게 스스로 깨달은 문제점은 엄마의 지적 때문에 알게 된 문제점과는 다른 영향력을 발휘한다. 아이들은 문제점을 고치기 위해 최선을 다해 노력한다. 그렇다고 문제점이 쉽게 개선되는 건 아니지만, 자신의 부족한 점만큼은 확실히 깨닫게 되어 발전의 디딤돌로 삼을 수 있다.

판소리 듣기

———

아이들에게 『심청전』을 읽어줄 때 있었던 일이다. 심봉사가 눈을 뜨는 장면을 읽어준 다음, 판소리 〈심청가〉 중에 같은 장면을 들려주었다. 과연 아이들이 좋아할까 걱정을 많이 했는데, 의외로 아이들은 판소리를 좋아했다. 심지어 어떤 아이들은 흥겨운 가락에 맞춰 춤을 추기도 했다. 이미 책읽기를 통해 모든 내용을 알고 있었기 때문이다. 『흥부전』, 『토끼전』, 『심청전』 등은 원류가 판소리이기 때문에 책을 읽은 다음 판소리를 들려주면 아이들이 굉장히 흥미 있어 한다.

다만 판소리를 들려줄 때는 처음부터 들려주는 것보다는 유명한 대목을 골라 들려주는 것이 좋다. 예를 들어 〈흥보가〉의 경우, '제비 다리 고쳐주는 대목', '돈 타령', '박 타는 대목' 등은 훨씬 더 흥겹고 재미가 있다. 이런 부분을 읽을 때 판소리를 곁들이면 책을 읽는 재미는 배가된다.

05

몸으로 하는 독후 활동

『명심보감』「성심편」에는 다음과 같은 구절이 있다.

不經一事 不長一智(불경일사 부장일지)

한 가지 일을 겪지 않으면, 한 가지 지혜가 자라지 않는다.

이는 경험의 중요성을 강조한 말이다. 한 가지 경험을 하면 한 가지 지혜가 자라난다. 그만큼 직접 몸으로 경험을 해보는 것은 중요하다. 책도 실제 체험과 연관을 지어서 읽으면 더욱 효과적이다. 아이와 함께 책을 읽은 다음 그 책과 관련해 실생활에서 직접 체험을 해보거나 무엇인가를 공들여 만들어보면 모든 경험이 아이에게 깊이 각인되어 지혜가 생겨날 수 있다.

책과 실생활 연결하기

책을 읽은 다음 그 내용을 생활 속에서 직접 실천하면 훨씬 효과적이다. 특히 실용적인 책들은 더욱 그렇다. 예를 들어 아이가 식물의 성장과 관련된 책을 읽었다면 집에서 강낭콩이라도 한번 키워보는 것이다. 동물과 관련된 책을 읽었다면 아이 손을 잡고 동물원에 가보는 것이다. 천문 지식과 관련된 책을 읽었다면 아이와 함께 달이라도 한번 관찰해보는 게 진정 살아 있는 책읽기라 할 수 있다.

현장 학습으로 갯벌 체험을 다녀온 후에는 『갯벌이 좋아요』 같은 책이 아이들에게 가장 큰 인기를 누린다. 평소에 이런 책은 과학에 관심 있는 아이들만이 즐겨 보지만, 현장 학습을 다녀오면 상황은 180도로 달라진다. 늘 동화책만 보던 아이들까지 이런 책에 관심을 보인다. 이처럼 체험 활동은 그 분야에 대한 관심을 자연스럽게 불러일으킨다.

진정으로 살아 있는 책읽기를 하려면 철저하게 책과 실생활을 연관 지어 생각해야 한다. 동화책 한 권을 읽더라도 그 속에 나오는 등장인물을 보며 주변에서 비슷한 사람을 찾아본다거나 자신과 닮은 점을 찾아 볼 수 있다. 이러한 독서 방식이 실생활과 연관 지어 읽는 것이다.

몸짓으로 표현하기

아이들은 어릴수록 몸으로 표현하는 것을 참 좋아한다. 책 속의 인물이나 내용을 몸짓으로 표현하는 독후 활동은 이런 아이들의 특성과 잘 어울린다. 책을 다 읽은 아이한테 기억에 남는 등장인물이나 장면을 몸짓으로 표현하게 한다. 그러면 부모는 그 몸짓을 보고 아이가 생각하는 것이 무엇인지를 맞히면 된다. 이러한 몸짓 표현은 스토리나 등장인물에 대한 전반적인 이해가 뒷받침되어야만 가능하다.

간단한 가면을 만들어 역할극을 하는 것 역시 아이들이 좋아하는 독후 활동이다. 등장인물에 맞는 가면을 만드는 과정이 재미있을 뿐만 아니라, 가면을 쓰면 평소에 수줍었던 아이들도 용기를 내서 적극적으로 활동에 참여할 수 있기 때문이다.

••• 몸으로 독후 활동을 하는 아이들의 모습. 줄거리를 몸짓으로 표현하거나 가면을 만들어 역할극을 한 아이들은 책 내용을 쉽게 잊어버리지 않는다.

미니북 만들기

1학년 아이들은 무엇이든지 만드는 일을 정말 좋아한다. 그리기의 경우 아이들의 호불호가 갈리지만, 만들기를 싫어하는 아이들은 거의 없을 정도다. 아이들의 이런 특성을 독후 활동에 접목시키면 좋은 효과를 볼 수 있다. '미니북 만들기'는 그중에서 가장 대표적인 활동이다. 미니북은 A4 종이와 가위만 있으면 만들 수 있으며 만드는 방법도 의외로 아주 간단하다.

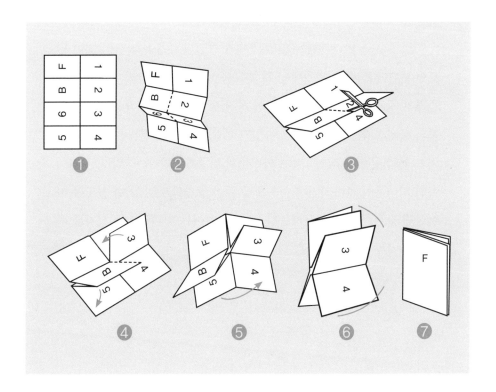

미니북 만드는 방법

1. A4 종이 한 장을 준비해 그림❶과 같이 전체를 팔등분으로 접는다.

2. 그림❸과 같이 전체 종이를 세로로 이등분해서 반을 접은 다음, 접힌 쪽에서부터 중심선을 따라 가위로 오린다.

3. 그림❻과 같이 전체 종이 모양이 십자가 되도록 접는다.

4. 그림에 나오는 숫자는 만들어지는 미니북의 쪽수이고, 'F'는 미니북의 앞표지, 'B'는 미니북의 뒤표지이다.

이렇게 만든 미니북에는 읽었던 책과 관련된 내용을 간단히 적어 넣으면 된다. 미니북 앞표지에는 책 제목을 쓰고 그림을 그리며, 속지에는 줄거리, 등장인물, 느낀 점, 좋았던 문장 등을 자유롭게 작성한다. 미니북의 특성상 한 면이 그리 크지 않기 때문에 한꺼번에 많은 내용을 담기는 어렵다. 이런 점이 1학년 아이들의 취향과 수준에 딱 맞다. 시간이 흘러 미니북이 많아지면 미니북만을 위한 보관함으로 쓸 수 있도록 아이한테 작은 상자를 선물해준다. 그러면 아이는 미니북으로 상자를 가득 채우기 위해서라도 책을 더 많이 읽게 될 것이다.

••• 아이들이 만든 미니북. 미니북을 살펴보면 아이들이 무슨 책을 읽었는지, 그 책에서 어떤 내용을 가장 중요하게 생각하는지 등을 한눈에 알 수 있다.

등장인물 캐릭터 만들기

———

역시 만들기를 좋아하는 아이들의 특성을 반영해 책을 읽은 다음 등장
인물 캐릭터 만들기를 하면 좋다. 책에 나오는 많은 등장인물 가운데 가
장 마음에 드는 인물을 정한 다음, 찰흙이나 지점토 등을 사용해서 만들
면 된다. 대부분의 아이들이 주인공 캐릭터를 만드는데, 여기서 재밌는
사실은 같은 주인공이라도 아이들 각자의 느낌에 따라 굉장히 다르게
표현된다는 것이다. 아이들마다 인물의 특징이나 성격을 파악하는 지점
이 다르기 때문이다.

••• 아이들이 만든 여러 가지 캐릭터. 아이들은 책을 읽고
나서 캐릭터를 만들 때에도 자신들만의 개성을 충분히
반영한다.

6장

차원 높은 아이로
거듭나는
고전 읽기

우리 아이들의 독서는 이제까지 양적인 독서를 목표로 달려왔다. 무슨 책이든지 많이 읽기만 하면 좋은 줄 안다. 하지만 '나쁜 책보다 더 나쁜 도적은 없다'라는 말의 의미를 곱씹어야 할 때가 온 것 같다. 책읽기의 즐거움을 한창 만끽해가는 1학년 아이들에게 아무 책이나 손에 쥐어주면 안 된다. 닥치는 대로 아무 책이나 읽게 했다간 아이들의 생각이 오염되고 영혼이 병들 수 있기 때문이다. 아이들의 생각이 도적질당할 것이기 때문이다. 그러므로 모든 내용을 스펀지처럼 빨아들이는 어린 시절일수록 책을 더 가려서 읽혀야 한다.

많이 읽어라. 그러나 많은 책을 읽지는 말라. – C. 플리니우스

지금의 아이들에게 꼭 필요한 말이다. 책을 많이 읽기는 읽되 가려서 읽어야 한다. 손에 잡히는 대로 되는 대로 아무 책이나 읽지 말고 좋은 책을 선별해서 읽어야 한다. '고전 읽기'는 이에 대한 해답이 될 수 있다.

세상에서 가장 힘세고 위대한 책, 고전

초등학교 1학년 아이들에게 고전이라니 갑자기 무슨 소리인지 분명 당황하는 부모들도 있을 것이다. 고전이라고 하면 많은 사람들은 종이가 너덜너덜할 정도로 오래된 책을 가장 먼저 떠올린다. 혹은 『논어』나 『맹자』와 같이 아주 어려운 책이라고 생각하는 경향이 있다. 하지만 이 것은 고전에 대한 오해와 편견일 뿐이다.

고전古典은 고전古傳이다

우리는 항상 고전을 생각할 때 가장 먼저 오래된 시간을 떠올린다. '고전古典'을 말 그대로 '고전古傳'이라고 생각하는 것이다. 즉, 오래전부터 전해 내려온 책古傳을 가리켜 우리는 흔히 고전古典이라고 부른다. 『논어』나 『성경』처럼 수천 년 이상 된 책은 말할 것도 없고, 출간된 지 수백 년이 지난 책들도 당연히 고전에 속한다. 하지만 아이들한테 인기 만점인 『나쁜 어린이 표』나 『마당을 나온 암탉』과 같은 작품을 고전이라고 하기는 어렵다. 아직 출간된 지 20년도 지나지 않았기 때문이다.

그렇다면 출간된 지 몇 년 정도 지나야 고전이라고 부를 수 있을까? 필자는 30년을 기준으로 삼는다. 출간된 지 30년이 지난 책이라면 고전이라 불릴 자격이 있다고 생각한다. 30년, 즉 한 세대를 견딘 책이기 때문이다. 한 세대가 흐른 뒤에도 책이 계속 출간돼 독자들 가까이에 있다면 그 책은 분명히 무엇인가가 있는 것이다. 이런 책이라면 100년 뒤에도 지속적으로 출간이 돼 독자들에게 읽힐 것이라고 생각한다. 이런 이유로 출간된 지 30년이 지난 『어린 왕자』, 『만년샤쓰』, 『꿈을 찍는 사진관』, 『꽃들에게 희망을』, 『강아지똥』, 『아낌없이 주는 나무』와 같은 작품들은 고전이라고 부를 수 있다. 무엇보다 분명한 것은 이런 작품들이 비록 오래전에 나온 작품이기는 하지만 아직도 많은 아이들에게 사랑을 받고 감동을 준다는 사실이다. 이것이 바로 고전의 힘이다.

고전古典은 고전高典이다

고전은 흔히 영어로 'Classic Book'이라고 부르지만 'Great Book'이라고 부르기도 한다. 왜 고전을 'Great Book'이라고 부르는 것일까? 고전이 위대하기 때문이다. 작가가 위대하고 내용이 위대하다. 내용은 거의 불변의 진리와 가치관을 담고 있어 세월과 공간을 뛰어넘어 감동을 선사한다. 그래서 고전은 수준 높은 책, 즉 고전高典인 것이다. 그렇다고 고전이 어려운 책이라는 의미는 절대 아니다. 오히려 고전의 내용은 아주 간결하다. 하지만 내용의 철학적 깊이가 남다르기 때문에 아이가 읽어도 어른이 읽어도 그만의 감동이 있다. 보통 아이들 책은 어른이 읽기엔 너무 쉽고, 어른 책은 아이들이 읽기엔 너무 어렵다. 하지만 고전은 그렇지 않다. 독자의 경계가 없는 유일한 책이라고 할 수 있다.

『어린 왕자』나 『아낌없이 주는 나무』가 아이들만을 위한 책일까? 『사자소학』이나 『명심보감』은 초등학생이나 읽어야지 어른이 읽으면 격이 떨어질까? 절대 그렇지 않다. 이런 고전들은 1차적으로는 아이들을 위한 책일지 모르겠지만 어른이 읽어도 전혀 손색이 없고 배울 점이 많다. 이런 의미에서 고전은 아이와 어른이 함께 읽을 수 있는 책이다. 이것이 바로 고전의 위대함이다.

02

그래서
고전을 읽어야 한다

고전이 좋다는 것은 알겠는데 굳이 아직 어린 초등학교 1학년 아이들에게 읽혀야 할지 의구심을 갖는 부모들도 많다. 요즘 아이들을 위한 좋은 책이 얼마나 많이 쏟아져 나오는데 케케묵은 고전을 읽으라고 하니 당연히 달갑지 않게 생각할 수도 있다. 하지만 우리는 이미 아이들에게 고전을 많이 읽히고 있다.

『흥부와 놀부』, 『콩쥐 팥쥐』와 같은 전래동화는 가장 대표적으로 고전의 범주에 드는 책이다. 그뿐만 아니라 『백설 공주』, 『오즈의 마법사』, 『키다리 아저씨』, 『갈매기의 꿈』과 같은 소위 말하는 세계명작들도 고전이다. 그리고 『소학』, 『명심보감』과 같은 동양 인문서들도 당연히 고전이다. 우선적으로 이런 고전들을 아이들에게 읽혀야 한다. 고전을 읽으면 책읽기의 모든 유익이 따라온다. 그리고 일반 책읽기가 줄 수 없는 것을 고전 읽기는 줄 수 있다.

울타리가 되어주는 고전

『소학』이나 『명심보감』 같은 동양 인문 고전을 초등학생들에게 읽히라고 이야기하면 이상한 눈으로 쳐다보는 엄마들이 있다. 그러면서 그렇게 고리타분한 책을 어떻게 지금의 아이들에게 읽히느냐고 말한다. 그런 엄마들에게 정작 이 책을 읽어봤냐고 물으면 읽어보지도 않았다고 한다. 『소학』이나 『명심보감』 같은 책은 우리가 생각하는 것만큼 고리타분하지 않다. 오히려 이 시대를 살아가는 아이들이 꼭 읽어야 할 책이다. 초등학교 1학년 아이들의 특성에 비추어볼 때 도움이 될 만한 시의 적절한 정보로 가득 차 있기 때문이다.

1학년 아이들은 한없이 자유분방해 보이지만 한편으로는 정말 고지식하다. 정말 선생님이 하라는 대로 그대로 한다. 한번은 이런 일이 있었다. 한창 수업을 하는데 한 남자아이가 너무 산만해서 뒤에 나가 서 있으라고 했다. 그 후 수업이 끝나고 점심시간이 되어 밥을 먹고 왔는데도 그 아이가 여전히 뒤에 서 있었다. 왜 밥도 안 먹고 거기에 서 있냐고 물었더니 아이가 "선생님이 서 있으라고 했잖아요"라고 하는 것이었다. 1학년 아이들에게 선생님의 말은 곧 법이다. 그리고 그 법을 곧이곧대로 지켜야 한다고 생각한다. 아이들한테 강력한 법은 구속이 아닌 울타리이며, 아이들은 이를 지킴으로써 평안을 얻는다. 이런 아이들에게 무엇이 옳고 그른지 구체적으로 가르쳐주는 일은 정말 중요하다. 어릴 때 마땅히 행할 바를 배운 아이와 그렇지 않은 아이는 천지 차이가 난다. 마땅히 행할 바를 배운 아이는 마음의 안정감을 누리면서 바른 사회인으로 자라날 수 있다.

父母呼我 唯而趨之(부모호아 유이추지)
부모님이 나를 부르시거든 대답하고 얼른 달려가야 한다.
口勿雜談 手勿雜戲(구물잡담 수물잡희)
입으로는 잡담하지 말고, 손으로는 장난을 하지 말라.

『사자소학』에 나오는 구절이다. 과연 이것을 조선 시대 아이들이나 배우는 고리타분한 내용이라고 할 수 있을까? 그렇지 않다. 인류가 지속되는 한 어느 시대 아이들에게나 꼭 필요한 내용이다. 이런 내용 하나하나가 우리 아이의 품성과 언행을 지키는 든든한 울타리가 되어주는 것이다.

사고력과 상상력을
키워주는 고전
——

"거미는 징그러운 줄로만 알았는데 거미 주인공 샬롯을 보면서 생각이 완전히 바뀌었습니다. 그리고 돼지는 욕심 많고 미련한 줄로만 알았는데 월버를 보면서 생각이 바뀌었습니다."

『샬롯의 거미줄』을 읽고 소감을 나누는 시간에 한 아이가 한 말이다. 필자는 적잖이 놀랐다. 책에 대한 소감이 비슷했기 때문이다. 이 작품은 미국 최고 권위의 아동문학상인 '뉴베리상(Newbery Medal)'을 수상한, 이미 고전이 된 어린이 소설이다. 필자는 이 작품을 읽으며 작가의 상상력이 참 대단하다고 생각했다. 거미, 돼지, 양, 거위, 쥐, 꼬마 아가씨 등 친숙한 등장인물들이 겪는 여러 가지 사건을 통해 진정한 우정이란 무엇인지를 잔잔히 그려냈기 때문이다. 그리고 탄탄한 구성으로 인해 한번 읽기 시작하면 책에서 손을 뗄 수가 없는 데다, 등장인물들은 사람들의 일반적인 상식을 보기 좋게 깨뜨렸다. 이런 작품을 읽고 필자와 아이들이 비슷한 느낌을 받았다니 그저 놀라울 따름이었다. 이것이 고전이 주는 유익이 아닌가 싶다.

이미 앞에서 책이 사고력과 상상력을 자극한다고 언급한 바 있다. 그중에서도 고전은 더욱 특별하다. 사고력과 상상력을 자극하는 책 중 최고봉이라고 할 수 있다. 당대 최고로 칭송받았던 상상의 대가들이 썼기 때문이다. 이런 책을 읽으면 읽을수록 아이의 사고력과 상상력은 깊어지고 넓어진다. 누구도 생각하지 못할 법한 상상의 세계로 초대받는 것이다. 현실에서 이러한 사고력과 상상력은 다른 사람이 절대 흉내 낼 수 없는 기획력과 창의력 등으로 나타난다. 이 힘을 바탕으로 누구보다 능력 있는 삶을 살아갈 수 있게 되는 것이다.

안목을 높여주는 고전

고전 읽기를 하면서 좋았던 점 한 가지는 아이들의 책 보는 안목이 달라졌다는 사실이다. 아이들은 『키다리 아저씨』, 『비밀의 화원』, 『허클베리 핀의 모험』, 『제인 에어』와 같은 세계명작뿐만 아니라, 『명심보감』, 『사자소학』, 『논어』, 『명상록』과 같은 인문서도 거뜬히 읽어낸다. 이렇게 고전을 읽으며 아이들은 자신도 모르는 사이에 책을 보는 안목이 높아진다. 안목이 높아진다고 해서 아이들은 계속 읽어오던 만화책이나 판타지를 당장 손에서 내려놓진 않는다. 하지만 적어도 자신이 평소 즐겨 읽던 책과는 다른 수준의 책이 있다는 사실을 알게 된다.

수준 낮은 함량 미달의 책만 읽는 아이들 중에는 어휘력이나 이해력이 낮아서 그런 경우도 있지만, 좋은 책을 만나지 못해서 그런 경우도 많다. 아무도 자신에게 새로운 세상을 열 수 있을 만큼 좋은 책이 있다는 사실을 알려주지 않은 것이다. 책 읽는 수준이 그 사람의 수준을 결정한다. 무슨 책을 읽는지 살펴보면 그 아이의 수준이 보인다. 어릴 때부터 고전을 접하게 해주고 고전을 읽혀 아이의 책읽기 수준뿐만 아니라 인생의 수준까지 높여주는 것이야말로 부모의 책임이자 의무가 아닐까 싶다.

03

고전을 읽으면 달라지는 것들

초등학생들에게 고전을 읽히면 어떤 효과가 나타날까? 고전 읽기의 효과는 이미 세계적으로 검증이 되었다. 미국의 시카고 대학은 세계에서 가장 많은 노벨상 수상자를 배출했다. 하버드 대학의 노벨상 수상자가 이제까지 40명 남짓인데 반해, 시카고 대학은 그 두 배인 80명이 넘는다. 이처럼 시카고 대학이 하버드 대학을 능가할 수 있는 이유는 바로 1929년부터 실시한 고전 읽기 프로그램(The Great Book Program) 덕분이다. 동서양을 아우르는 고전 100여 권을 선정해 그 책을 다 읽어야만 졸업할 수 있는 프로그램이 위력을 발휘한 것이다. 물론 이러한 외국의 예시도 좋지만, 필자는 학교에서 아이들과 고전 읽기를 하면서 경험했던 것을 토대로 고전 읽기의 효과에 대해 말하고자 한다.

성적이 오른다

———

필자가 경험한 바로는 고전 읽기를 하면 아이들의 성적이 올라간다. 다른 과목은 잘 모르겠지만 국어 성적만큼은 확실히 올라간다. 고전 읽기를 통해 다양하면서도 수준 높은 어휘를 많이 접하게 돼 어휘력이 좋아지기 때문이다. 그뿐만 아니라 다른 책을 읽을 때보다 이해력이나 사고력이 훨씬 더 좋아진다. 어휘력, 이해력, 사고력이 다 좋아졌는데 국어 성적이 오르지 않을 이유가 없다. 6학년 아이들을 가르칠 때는 국어 평균 점수가 90점을 넘어 95점에 육박하는 경우도 많이 경험했다. 어떻게 이런 점수가 나올 수 있을까? 이 질문에 대한 답을 한 아이와의 일화로 대신한다.

6학년 아이들과 『논어』를 읽을 때 있었던 일이다. 『논어』를 읽다가 국어책을 읽으라고 했더니 한 아이가 "선생님, 국어책이 너무 싱거워 보여요"라고 말하는 것이었다. 고전처럼 수준 높은 책을 읽다 보니 교과서가 싱거워 보인다고 했다. 교과서의 내용을 쉽게 파악할 수 있어 교과서가 싱거워 보이는 학생, 당연히 공부를 잘할 수밖에 없지 않을까?

생각이 깊어진다

———

언젠가 한번 신문 기자가 고전 읽기에 대해 취재하러 온 적이 있었다. 기자는 아이들을 인터뷰하며 "고전 읽기를 하니 어떤 점이 좋은가요?"

라고 질문을 했다. 그때 한 여자아이가 "인생의 진리를 깨달을 수 있습니다"라고 답변하는 것을 들었다. 답변이 거창하기도 하고 흥미롭기도 해서 취재가 다 끝난 후 그 아이를 불러 네가 무슨 인생의 진리를 깨달았느냐고 물어보았다. 그 답변은 더욱 놀라웠다. "사람은 무엇으로 사는지를 알았습니다"라고 말하는 것이었다. 호기심을 참지 못해 그러면 사람은 무엇으로 사느냐고 연거푸 물었더니 "사랑으로 산다잖아요?"라고 대답하는 것 아닌가.

답변은 아이가 지어낸 말이 아니었다. 『톨스토이 단편선』 중 「사람은 무엇으로 사는가」라는 작품을 읽고 아이가 감동을 받아서 하는 소리였다. 아이는 책을 읽으면서 감동한 나머지, 작품 속의 '사람은 사랑으로 살아간다'라는 이야기를 진리로 받아들인 것이다. 그래서 서슴없이 고전 때문에 인생의 진리를 깨달을 수 있었다고 말을 한 것이다. 이것이 고전의 위력이다. 인풋Input이 달라지면 아웃풋Output도 달라진다.

인성이 좋아진다

————

욕을 정말 많이 하는 6학년 남자아이가 있었다. 그런데 어느 순간부터 욕이 점점 줄어들더니 몇 달 뒤에는 거의 욕을 하지 않았다. 놀랍기도 하고 신기하기도 해서 그 아이를 불러 물어보니 "『논어』를 읽으며 깨달은 바가 있어 욕을 하지 않겠다고 결심했습니다"라고 말하는 것이었다. 이처럼 고전을 읽으면 아이들의 보이지 않는 인성이 눈에 띄게 좋아지기도 한다. 영원불멸한 고전의 내용이 이전에는 미처 깨닫지 못했던 인생의 지혜를 가르쳐주기 때문이다.

나는 고전 읽기로 사자소학을 읽었다. 나는 사자소학이 쓸데없는 책인 줄 알았다. 하지만 선생님이 이 책에 나온 뜻을 실천해보라고 하셨다. 나는 '비록 음식이 거칠더라도 주시면 반드시 먹어야 한다'의 뜻을 가진 '음식수악 여지필식飮食雖惡 與之必食'을 실천해보았다. 그랬더니 할머니가 잘 먹는다고 칭찬해주셨다. 나는 사자소학 구절의 힘을 알게 되었다. 나는 사자소학의 뜻을 매일 실천하면 착한 아이가 될 수 있다고 말해주고 싶다. 나는 사자소학이 나의 마음에 있는 악마를 물리칠 수 있는 유일한 약이라고 생각한다. 그리고 나는 소학이 나의 꿈을 이루어줄 기회라는 것을 알았다.

1학년 아이가 『사자소학』을 읽고 쓴 독서 감상문의 일부이다. 이 글을 보면 아이들이 고전을 읽었을 때 어떤 효과가 따라오는지를 쉽게 알 수 있다. 부모나 교사의 잔소리보다 힘이 센 것이 바로 고전 읽기이다. 특히 저학년일수록 효과가 제대로 나타난다. 고학년 아이들은『명심보감』이나『사자소학』을 읽어도 읽기와 실천을 분리해서 생각하는 경우가 많다. 하지만 저학년 아이들은 다르다. 있는 그대로의 내용을 실천하기 위해 노력한다. 배운 대로 실천하는 성향이 강한 저학년 아이들에게는 해야 할 것과 하지 말아야 할 것을 분명하게 가르쳐줄 필요가 있다. 고전을 읽으면 이런 선이 명확해진다. 어린아이들일수록 고전을 읽어야 하는 이유이다.

책을 보는
안목이 달라진다

———

많은 부모들이 자녀의 책읽기를 걱정한다. 요즘 아이들이 너무 심할 정도로 만화책만 읽으려고 하기 때문이다. 아이들에게 무작정 만화책을 읽지 말라고 하면 오히려 역효과가 나타난다. 그럴수록 악착같이 만화책만 읽는다. 만화책에 심취한 아이들을 보면 원인이 크게 두 가지다. 우선 어휘력이나 이해력이 원인이다. 어휘력이나 이해력이 낮으면 자연스럽게 만화책만 찾게 된다. 만화책은 그림만 봐도 얼마든지 내용을 이해할 수 있기 때문에 어휘력이나 이해력에 크게 구애받지 않는다. 나머지 하나는 수준 높은 책을 접해보지 못해서다. 고전처럼 수준 있는 책을 아이들에게 권해주면 아이들 스스로 세상에는 차원이 다른 책도 있다는 사실을 깨닫는다.

언젠가 1학년 아이들과 『파브르 식물 이야기』라는 고전을 읽고 소감을 나누는 시간을 가진 적이 있었다. 한 아이가 "식물이 저보다 똑똑하다는 걸 알게 됐어요. 파브르는 정말 천재인 것 같아요"라고 말했다. 필자도 책을 읽으면서 이 아이와 비슷한 느낌을 받았기에 아이의 반응이 놀라울 따름이었다. 이 책은 단순히 식물을 소개하는 책이 아니었다. 식물을 세세하게 관찰했을 뿐만 아니라, 식물의 모습을 세상의 모습에 빗댄 놀라운 통찰력이 돋보이는 작품이었다. 이 책을 읽다 보면 식물 이야기를 통해 인생의 지혜를 배울 수 있는 철학서 같다는 느낌이 든다. 고전을 읽으면 어린아이들도 경험을 통해 이런 사실을 알게 된다. 그러다가 나중에는 스스로 고전을 찾아서 읽게 되는 것이다. 부모라면 아이가 만화책만 본다고 푸념을 하기 전에 아이와 함께 단 한 권의 고전이라도 읽어보길 바란다. 부모와 함께하는 과정 속에서 아이는 정말 수준 있는 책이 있다는 사실을 스스로 깨달을 것이다.

글을 잘 쓰게 된다

우리는 흔히 책을 많이 읽으면 글을 잘 쓸 것이라고 생각한다. 하지만 꼭 그렇진 않다. 사고력이 뛰어난 사람이 글을 잘 쓸 수 있는 것이지, 책을 많이 읽었다고 해서 잘 쓸 수 있는 건 아니다. 따라서 글을 잘 쓰기 위해서는 책을 읽되 사고력을 유발시키는 책을 읽어야 한다. 고전이야말로 사고력을 유발시키는 최고의 책이라 할 수 있다.

이 책을 읽고 정말 마음이 뭉클했다. 내가 아낌없이 주는 나무였다면 어땠을까? 아마 다 주지 못했을 것이다.

"나무야! 나도 그렇게 되는 법이 있으면 가르쳐줘. 나도 너처럼 되고 싶어."

나무는 어떻게 다 줬는데 슬퍼했을까? 나는 아프고 힘들기만 했을 텐데……

그 나무가 참 대단하고 대견하다는 생각이 들었다. 그 나무가 정말 있다면 멀리 있어도 칭찬을 해주고 싶을 만큼 기특할 것 같다.

"나무야! 넌 정말 대단한 것 같아."

『아낌없이 주는 나무』를 읽고 1학년 아이가 쓴 글이다. 아이들이 자신의 생각이나 느낌을 감동 깊게 쓸 수 있는 것은 책이 아이에게 그보다 더 큰 감동을 주었기 때문이다. 일반적인 책 중에서는 이렇게 큰 감동을 주는 작품을 찾아보기 어렵다. 아이들도 사람이기 때문에 느낀 만큼 표현하고 싶어 한다.

일찍이 법정 스님은 "좋은 책은 책장을 자주 덮게 만드는 책"이라고 말했다. 책장을 자주 덮게 만드는 책이 과연 어떤 책이겠는가? 읽는 중간 중간 독자에게 큰 감동과 깨달음을 주는 책이 아니겠는가? 고전은 책장을 자주 덮게 만드는 책의 대명사이다. 아이에게 다른 책보다 우선해서 고전을 읽혀야 하는 이유가 여기에 또 있다.

04

초등 1학년을 위한 고전

다음은 필자가 근무하는 학교의 1, 2학년 아이들이 실제로 읽고 있는 고전 리스트이다. 학기 중에는 한 달에 한 권, 방학 중에는 한 달에 두 권을 읽는다. 이 리스트의 모든 작품이 30년 이상 되지는 않았지만, 비교적 세월이 오래 지난 작품들 중에서 저학년 아이들이 읽으면 좋을 법한 책들로 선정했다. 똑같은 1학년이라 하더라도 독서력의 개인차가 심하기 때문에 이 리스트에 있는 고전을 어떤 아이는 쉽게 읽을 수 있겠지만, 어떤 아이는 엄두조차 내지 못할 수도 있다. 아이가 고전을 감당할 수 없다면 고전 읽기를 잠시 보류하고 일반 책을 읽는 데 집중하는 것이 바람직하다. 일반 책 읽기를 통해 아이의 독서력을 높이는 것이 급선무다. 독서력이 높은 아이라 할지라도 고전을 혼자 읽게 하는 건 별로 권하고 싶지 않다. 필자 학교의 아이들은 이 책들을 한 달에 한 권씩 담임교사와 함께 읽고 있다. 기본적으로 고전은 혼자 읽는 것보다는 누군가와 함께 읽는 것이 가장 좋다.

도서명	저자	출판사	쪽수	난이도
『틀려도 괜찮아』	마키타 신지	토토북	32쪽	하
『아낌없이 주는 나무』	셸 실버스타인	시공주니어	52쪽	
『강아지똥』	권정생	길벗어린이	34쪽	
『이솝 이야기』	이솝	어린이작가정신	56쪽	중
『책 먹는 여우』	프란치스카 비어만	주니어김영사	60쪽	
『무서운 호랑이들의 가슴 찡한 이야기』	이미애	미래아이	112쪽	
『꿈을 찍는 사진관』	강소천	가교	60쪽	
『화요일의 두꺼비』	러셀 에릭슨	사계절	116쪽	
『우리 마음의 동시』	김승규(엮은이)	아테나	160쪽	
『밤티마을 큰돌이네 집』	이금이	푸른책들	144쪽	
『마법의 설탕 두 조각』	미하엘 엔데	소년한길	92쪽	
『심청전』	작자 미상	한겨레아이들	108쪽	
『어린이를 위한 우동 한 그릇』	구리 료헤이	청조사	160쪽	
『안데르센 동화』	안데르센	그린북	196쪽	상
『안내견 탄실이』	고정욱	대교북스주니어	187쪽	

『하느님이 우리 옆집에 살고 있네요』	권정생	산하	207쪽
『호두까기 인형』	E.T.A 호프만	시공 주니어	176쪽
『꽃들에게 희망을』	트리나 폴러스	시공 주니어	160쪽
『어린이 사자소학』	엄기원(엮은이)	한국 독서지도회	172쪽
『내 이름은 삐삐 롱스타킹』	아스트리드 린드그렌	시공 주니어	200쪽
『샬롯의 거미줄』	엘윈 브룩스 화이트	시공 주니어	242쪽

(위 표의 오른쪽 세로에 '상' 표시됨)

- 난이도 '하': 책이 얇고 삽화가 많으며 글이 별로 없어 대다수의 1학년 아이들이 읽을 수 있다.
- 난이도 '중': 1학년 국어 교과서를 다른 사람의 도움 없이 읽을 수 있는 정도의 아이라면 충분히 읽을 수 있다.
- 난이도 '상': 책이 비교적 두꺼워 보통 수준 이상의 독서력을 갖춘 아이들이 읽을 수 있다.

05

성공적인 고전 읽기의 길

고전 읽기도 일반 책 읽기와 크게 다르지 않다. 다만 고전은 일반 책에 비해 내용이 좀 더 깊이 있기 때문에 천천히 읽어야 할 필요가 있다. 필자는 성공적인 고전 읽기를 위해 '4T 원칙'을 강조하고 싶다.

고전 읽기의 원칙, 4T

원칙1. Trust(믿음), 고전 읽기에 대한 신뢰와 확신

아이와 함께 고전 읽기를 하고자 하는 부모가 가장 먼저 가져야 할 마음이다. 책읽기, 그중에서도 고전 읽기는 아이의 인생을 변화시킬 수 있다고 믿어야 한다. 고전 읽기는 어떤 책 읽기보다 강력한 힘이 있다는 사실을 믿어야 한다. 이런 믿음이 생기려면 무엇보다 부모가 먼저 고전을 읽어야 한다. 고전을 읽어본 부모만이 고전과 일반 책의 차이를 알 수 있다. 부모가 읽지도 않는 고전을 아이가 읽길 바란다면 그건 이미 시작부터가 틀렸다. 또 한 가지 강조하고 싶은 내용은 '원전의 힘'을 믿으라는 것이다. 고전 읽기가 각광을 받다 보니 어떤 부모들은 다급한 마음에 축약본이나 만화책으로 된 고전을 읽히는 분들이 있다. 하지만 이런 분들이라면 아이에게 고전을 왜 읽히려고 하는지 동기부터 점검해 볼 일이다. 원전만이 줄 수 있는 감동이 분명히 있다.

원칙2. Time(시간), 고전 읽기를 위한 시간 확보

성공적인 고전 읽기를 위해 시간 확보는 무엇보다 중요하다. '시간 날 때 읽으면 되겠지'라는 생각을 가지고서는 절대로 고전 읽기에서 성공을 거둘 수 없다. 인생에서 중요한 일일수록 항상 우선순위에 두어야 한다. 아이가 하루에 한 시간씩 책을 읽는다면 그중에서 10분 정도는 일반 책이 아닌 고전을 읽게 하면 좋다. 아니면 일주일에 하루 정도를 고전 읽는 날로 정해 그날만큼은 고전만 읽게 하는 것도 좋다.

원칙3. Together(함께), 부모와 아이가 함께 읽기

아이가 스스로 책을 찾아 읽고, 독서력이 높아진 다음에는 혼자서도 얼마든지 고전을 읽는다. 하지만 초등학교 1학년 아이들에게 혼자서 고전을 읽으라는 건 고전을 읽지 말라는 의미나 마찬가지다. 부모가 함께 읽지 않을 거라면 고전 읽기는 아예 시작하지 않는 편이 낫다.

부모와 아이가 고전을 함께 읽으면 고전은 일상 대화의 소재가 된다. 그뿐만 아니라 아이 혼자서는 읽기 어려운 책도 거뜬히 읽을 수 있게 된다. 앞서 언급했듯이, 빨리 가려면 혼자 가고 멀리 가려면 같이 가라 했다. 인생을 빨리 가기 위해 고전을 읽는 것이 아니다. 인생을 멀리 가기 위해서다. 꽃 한 송이 피어난다고 풀밭이 달라지지 않듯, 고전 한 권을 읽는다고 아이의 인생 밭이 크게 달라지지 않는다. 하지만 고전이라는 꽃이 아이의 인생 밭 여기저기에서 피어난다면, 언젠가 그 밭은 아름다운 꽃밭이 될 것이다. 그리고 아빠 꽃, 엄마 꽃이 함께 필 때 그곳은 더욱 의미 있는 꽃밭이 될 것이다. 결국 그 꽃밭은 보기에도 아름다울 뿐 아니라 주변에 향긋한 꽃향기를 풍기게 될 것이다.

함께 읽는 방법

1. 아이와 함께 읽을 고전을 정한다. 이때 아이 눈높이를 고려해 책을 선정하는 것이 중요하다. 그리고 함께 읽어야 하기 때문에 아이 책만 구입하지 말고 가족 수대로 책을 구입한다.

2. 아이와 함께 고전을 읽을 시간을 정한다. 날마다 읽는 건 현실적으로 불가능하므로 일주일에 한 번이나 두 번 정도가 적당하다. 그리고 책 읽는 시간은 한 번에 30분을 넘지 않도록 한다.

3. 함께 읽기로 한 날이 되면 거실이나 서재 등에 온 가족이 모여 그날 읽

을 쪽수를 정한 다음 읽는다. 문학 고전은 10쪽 내외가 적당하며, 인문 고전은 이보다 양을 적게 한다. 이때 각자 읽는 것보다는 부모와 아이가 번갈아가며 한 문장씩 읽거나 한 쪽씩 소리 내어 읽기를 하는 것이 좋다.

4. 소리 내어 읽기를 마친 후 다시 한 번 눈으로 읽으면서 내용을 깊이 이해한다.

5. 책을 다 읽고 난 후 '가슴에 남는 구절', '가장 재미있었던 장면', '꼭 나누고 싶은 느낌' 등을 중심으로 짧게 이야기를 나눈 다음 고전 함께 읽기를 마친다.

※ 주의 사항: 함께 읽기는 고전을 빨리 떼는 것이 목적이 아니다. 한 권의 고전을 가족들이 모두 함께 읽고 나누는 것이 목적이므로 한 권을 다 읽는 데 짧게는 한 달부터 길게는 1년 가까이 걸릴 수도 있다.

원칙4. Transformation(변화), 고전의 가르침대로 변화하기

고전은 자랑하기 위해 읽는 책이 아니다. 철저히 자기 자신을 변화시키기 위해 읽는 책이다. 내가 변해야 남을 변화시킬 수 있고 세상을 변화시킬 수 있는 것이다. 따라서 고전을 읽을 때는 실천을 강조해야 한다. '행함이 없는 지식은 죽은 지식'이라 했다. 실천이 따르지 않는 고전 읽기는 죽은 독서이다. 책을 읽고 깨달은 바가 있다면 어린 시절부터 실천하는 습관을 길러줘야 한다. 고전 읽기는 바로 그런 습관을 길러줄 수 있는 좋은 독서 방법이다.

반복해서 읽어야 한다

소가 풀만 먹고도 무쇠 같은 힘을 내는 까닭은 되새김질을 하기 때문이다. 소는 되새김질을 통해 풀의 모든 영양소를 남김없이 흡수한다. 책 중에서도 지속적인 되새김질이 필요한 책이 바로 고전이다. 고전은 한 번 읽고 마는 것보다는 반복해서 읽는 것이 좋다.

『꿈을 찍는 사진관』, 『아낌없이 주는 나무』, 『어린 왕자』처럼 저학년 아이들이 읽으면 좋은 고전들은 두께가 비교적 얇다. 이런 책들은 저학년 아이들도 마음만 먹으면 30분 만에 다 읽을 수 있으므로 몇 날 며칠 나눠서 읽는 건 별로 바람직하지 않다. 특히 스토리 위주의 책이라면 더욱 그렇다. 중간에 쉬었다가 다시 읽으면 이야기의 흐름이 끊겨 재미가 반감될 수 있기 때문이다. 대신에 이런 책들은 반복해서 여러 번을 읽게 하는 것이 좋다. 오늘 한 번 읽었다면 며칠씩 연속으로 반복해서 읽게 한다든지 아니면 며칠 끊었다가 다시 읽게 하면 된다. 1학년 아이들은 반복하는 것을 괴로워하지 않는다. 오히려 자신이 좋아하는 작품을 마르고 닳도록 읽으며 반복하는 것을 즐기는 경향이 있다.

한 작품을 한두 번 읽은 사람과 수십 번 반복해서 읽은 사람은 그 작품에 대한 느낌이나 생각 등이 다를 수밖에 없다. 반복해서 읽으면 읽을 수록 그 책의 가치관이 나의 인생관이 되고, 저자의 상상력이 나의 상상력이 되는 것이다. 아이가 책을 한 번 읽을 때마다 맨 앞장에 읽은 날을 기록하게 하는 것도 반복 읽기의 좋은 방법이 될 수 있다. 기록을 보면 자신이 그 책을 몇 번 정도 읽었는지 한눈에 알아볼 수 있기 때문이다.

조금씩 읽어야 한다

────

책 한 권을 하루저녁에 다 읽는 것과 한 달에 걸쳐 조금씩 읽는 것 중 어느 쪽이 더 효과가 있을까? 당연히 후자이다. 어떤 책을 읽으면 읽는 동안만큼은 그 책이 우리 가슴에 남아 있다. 하룻밤만 내 가슴에 품었다가 떠나보낸 책과 한 달 동안 가슴에 품었던 책이 과연 같은 여운을 남기겠는가?

고전은 하룻밤 사이에 읽어 치우는 책이 아니다. 조금씩 여러 날에 걸쳐 읽는 책이다. 우리는 대개 보약을 먹을 때 한 번에 많이 먹지 않는다. 아주 조금씩 장기간에 걸쳐 복용한다. 만약 보약을 매일 조금씩 먹기가 귀찮아서 하루에 다 먹어버리는 사람이 있다면 그만큼 어리석은 사람도 없다. 그런 사람은 한 달 치 보약을 다 먹는다 해도 하루치만큼의 약효밖에는 기대할 수 없을 것이다. 마치 보약을 먹듯 고전도 조금씩 읽어야 제대로 된 효과를 볼 수 있다.

천천히 읽어야 한다

────

조금씩 읽으려면 천천히 읽어야 한다. 빨리 읽기와 천천히 읽기 중에서 어느 것이 더 쉬울까? 사람에 따라 다르겠지만 아이들의 경우 천천히 읽게 하기가 더 어렵다. 아이들의 평상시 독서 습관이 속독에 치우쳐져 있기 때문이다. 아이들은 무언가에 쫓기듯 되는 대로 게걸스럽게 읽어 치우는 속독에 굉장히 익숙하다. 하지만 완행열차를 타고 간이역마다 들르며 풍경을 즐기는 듯한 '완독緩讀'에는 대다수 아이들이 생소함을 느낀다. 하지만 천천히 읽어야 분석을 할 수 있고, 게으르게 읽어야 상상을 할 수 있으며, 느긋하게 읽어야 비판도 할 수 있는 법이다. 아이가 책을 천천히 읽게 하려면 소리 내어 읽게 하고, 중요한 곳에 밑줄을 치며 읽게 하고, 모르는 어휘에 표시를 하면서 읽게 하면 된다.

인문 고전은 암송해야 한다

1학년 아이들에게 『사자소학』을 읽힐 때 있었던 일이다. 한 아이의 엄마가 면담을 와서 고전 읽기를 칭찬하며 이런 일화를 들려주었다. 어느 날 식사 시간, 유치원생 동생이 반찬 투정을 하니까 갑자기 형이 사자소학의 구절을 암송하면서 동생을 훈계하더라는 것이다.

"음식수악 여지필식이다. 빨리 그냥 먹어라."

그 말을 듣고 엄마는 한참 배꼽을 잡고 웃었다고 했다. 그러면서 암송의 위력을 절감했다고 덧붙였다. 아이가 말한 음식수악 여지필식飮食雖惡 與之必食은 '비록 음식이 거칠더라도, 주시면 반드시 먹어야 한다'라는 뜻이다. 이처럼 암송은 힘이 세다. 아이에게 『사자소학』이나 『명심보감』 같은 인문 고전을 읽힌다면 좋은 구절은 암송시키는 것이 좋다. 암송은 우리가 생각하지 못한 엄청난 힘을 발휘한다. 암송한 구절은 아이의 행동을 제어하기도 하고, 심지어는 아이의 무의식조차 지배하기도 한다. 물론 이같은 고전을 읽힐 때 한자가 부담스러울 수 있다. 특히 저학년 아이들은 한자를 잘 모르기 때문에 더욱 그렇다. 그래서 많은 경우 원문은 무시한 채 한글로 번역해놓은 것만 읽히곤 한다. 현실적으로는 이 방법이 적절하다. 하지만 아이가 의미를 남다르게 받아들이는 구절은 한자 원문도 함께 보는 것이 좋다. 그러면 나중에 원문의 한자를 배울 때 생소함이 덜하기 때문에 한자를 배우는 속도가 빨라진다. 또한 한자에 대한 호기심을 불러일으킨다. 무엇보다도 암송을 할 때는 원문으로 하는 것이 좋다. 훨씬 더 기억이 오래가고 힘이 있기 때문이다.

인문 고전을 읽다가 좋은 구절이 있다면 모아서 적은 다음에 아이가 잘 볼 수 있는 곳에 붙여놓고 시간이 날 때마다 한 번씩 읽어보게 하면 좋다. 아이들은 암기력이 좋기 때문에 열 번 이상만 읽어보게 하면 금세 외운다. 아이가 외운 좋은 구절들이 아이 인생을 좋은 길로 이끌고 갈 것이다.

다음은 아이들이 외워두면 좋은 『사자소학』의 구절들이다.

원문	뜻
父母呼我 唯而趨之 (부모호아 유이추지)	부모님이 나를 부르시거든 대답하고 얼른 달려가야 한다.
父母責之 勿怒勿答 (부모책지 물노물답)	부모님이 나를 꾸짖으시더라도 성내지 말고 말대답하지 말라.
父母出入 每必起立 (부모출입 매필기립)	부모님이 대문을 드나드실 때는 반드시 일어서서 인사하라.
鷄鳴而起 必盥必漱 (계명이기 필관필수)	닭이 우는 새벽에 일어나서 반드시 세수하고 양치질하라.

言語必愼 居處必恭 (언어필신 거처필공)	언제나 말을 삼가고, 거처는 반드시 공손히 하라.
飮食雖惡 與之必食 (음식수악 여지필식)	비록 음식이 거칠더라도, 주시면 반드시 먹어야 한다.
衣服雖惡 與之必着 (의복수악 여지필착)	비록 의복이 나쁘더라도, 주시면 반드시 입어야 한다.
口勿雜談 手勿雜戱 (구물잡담 수물잡희)	입으로는 잡담하지 말고, 손으로는 장난을 하지 말라.
借人典籍 勿毁必完 (차인전적 물훼필완)	남의 책을 빌렸거든 훼손하지 말고 본 후에 꼭 돌려주라.
勿與人鬪 父母憂之 (물여인투 부모우지)	남과 싸우지 말라. 부모님께서 근심하신다.
見善從之 知過必改 (견선종지 지과필개)	착함을 보거든 그것을 따르고, 허물을 알거든 반 드시 고쳐라.
飮食愼節 言爲恭順 (음식신절 언위공순)	음식은 삼가 절제하고, 말은 항상 공손하게 하라.
夫婦有別 長幼有序 (부부유별 장유유서)	부부는 분별이 있어야 하고, 어른과 아이는 차례 가 있어야 한다.
非禮勿視 非禮勿聽 (비례물시 비례물청)	예(禮)가 아니면 보지 말며, 예(禮)가 아니면 듣지 도 말라.
非禮勿言 非禮勿動 (비례물언 비례물동)	예(禮)가 아니면 말하지 말고, 예(禮)가 아니면 움 직이지 말라.
憤思必難 疑思必問 (분사필난 의사필문)	화가 나면 더욱 곤란할 것을 생각하고, 의문이 나면 반드시 질문을 생각하라.
一粒之穀 必分以食 (일립지곡 필분이식)	한 톨의 곡식이라도 반드시 나누어 먹어야 한다.
言則信實 行必正直 (언즉신실 행필정직)	말은 믿음이 있고 참되어야 하고, 행실은 반드시 정직해야 한다.

인생의 항해를 시작하는
세상의 모든 아이들에게

입학은 '꿈과 행복을 향해 떠나는 항해의 시작'이다. 아이들의 항해는 하루 이틀로 끝나지 않는다. 길게는 100년 가까운 세월을 돌아다니는 아주 긴 여정이 될 것이다. 항해를 시작하는 사람이라면 꼭 챙겨야 할 물건이 있다. 나침반이다. 나침반은 어느 곳에서든지 N극과 S극을 가리키며 올바른 방향을 찾을 수 있게 도와준다. 인생의 항해에서 필요한 나침반은 꿈극과 행복극을 가리키는 나침반이다. 어떤 처지와 형편에 있든지 이 나침반만 있으면 인생의 항해를 성공적으로 마칠 수 있다. 인생의 항해에 있어 나침반은 바로 '책'이다. 한번 살펴보자. 인생의 항해를 시작하는 내 아이의 손에 과연 나침반이 쥐어져 있는가?

공부는 '즐거움이 의미하는 모든 것'이다. 하지만 현실 속 대부분의 아이들은 공부를 '지겨움이 의미하는 모든 것'으로 받아들이고 있다. 학년이 올라갈수록 공부는 정말 어렵고 힘들어지기 때문에 아이들은 공부 없는 세상에서 살고 싶다고 말한다. 어떻게 하면 우리 아이들에게 공부를 즐거움이 의미하는 모든 것으로 바꿔줄 수 있을까? 바로 책읽기이다. 책을 읽으면 공부가 쉬워진다. 책을 읽으면 공부가 재미있어진다. 책을 읽으면 알아가는 즐거움을 만끽할 수 있고, 자꾸자꾸 더 알고 싶어진다. 책 읽는 아이는 공부가 즐거워지다가 인생까지 즐거워지는 것이다.

친구는 '관계의 동의어'라 했다. 초등학교 중학년만 되어도 인생에서 가장 중요한 사람은 더 이상 부모가 아닌 친구다. 아이들은 친구들을 통해 관계의 기술을 배우고 인생을 배운다. 그렇기 때문에 아이들은 친구 관계에 목숨을 건다. 친구들과의 관계가 좋은 아이에게 학교는 더없이 즐거운 곳이다. 하지만 그렇지 않은 아이에게는 학교만 한 지옥도 없다. 어떻게 하면 내 자녀가 친구들과 좋은 관계를 맺으면서 살아갈 수 있을까? 역시 답은 책읽기이다. 책을 읽으면 수많은 인물들을 만날 수 있다. 책을 읽으면 그 인물들을 모두 친구로 만들 수 있다. 그뿐만 아니라 현실 속의 친구들과 어떻게 하면 좋은 관계를 맺을 수 있는지 책 속의 친구들이 친절하게 가르쳐준다. 성공한 인생이란 다른 사람들과의 관계를 잘 맺은 인생이다. 우리 자녀들에게 성공한 인생을 가르치려면 책 속의 수많은 친구들을 만나게 해줘야 한다.

자녀를 사랑한다는 것은 '자녀 가슴 안의 시를 듣는 것이고, 그 시를 자신의 시처럼 외우는 것이며, 자녀가 그 시를 잊었을 때 자녀에게 그 시를 들려주는 것'이라 했다. 내 자녀의 가슴 안에는 어떤 시가 있을까? 아이의 가슴에 아름다운 시가 피어나려면 먼저 씨앗이 그 가슴 안에 뿌려져야 한다. 책은 그 씨앗을 담아놓은 상자이다. 책을 여는 순간 그 씨앗들은 아이의 가슴에 뿌려진다. 이때 적당한 환경을 만나면 비로소 아름다운 꽃이 피어나는 것이다. 어떻게 그 시를 들을 수 있을까? 부모가 그 시를 들을 만한 귀가 있어야 한다. 듣는 귀는 아무나 가지지 못한다. 책을 읽는 부모만이 가질 수 있다. 말없이 자녀 옆에서 책을 같이 읽으면 아련히 시가 들려오지 않을까?

이 책을 읽는 모든 사람에게 자신이 변화시킬 수 있는 것을 변화시키는 용기와, 변화시킬 수 없는 것을 받아들이는 평온과, 변화시킬 수 있는 것과 변화시킬 수 없는 것을 구별할 줄 아는 지혜가 있기를 기도하면서 이 글을 맺고자 한다. 마지막으로 이 책을 집필할 수 있는 기회와 지혜를 주신 아름다우신 하나님께 이 모든 영광을 돌린다.

참고문헌

강백향, 『현명한 부모는 초등 1학년 시작부터 다르다』, 꿈틀

강승원, 『푸른숲 독서학교 이야기』, 월드북

강유원, 『책과 세계』, 살림출판사

고봉익 외, 『소리치지 않고 화내지 않고 초등학생 공부시키기』, 명진출판

김명미, 『초등 읽기능력이 평생성적을 좌우한다』, 글담

김미라 외, 『책 읽는 아이, 심리 읽는 엄마』, 경향에듀

김상조 외, 『고전읽기』, 보고사

김선민 외, 『초등시기 나는 이렇게 책을 읽었다』, 리딩엠

김순례 외, 『독서습관 100억 원의 상속』, 파인앤굿

김영복, 『공부 자신감 초등 1학년 첫출발부터』, 화니북스

남미영, 『공부 잘하는 아이로 만드는 독서기술』, 아울북

남미영, 『공부가 즐거워지는 습관, 아침독서 10분』, 21세기북스

남미영, 『우리 아이, 즐겁게 배우는 생활 속 글쓰기』, 21세기북스

낸시 앳웰, 『하루 30분 혼자 읽기의 힘』, 북라인

박미영, 『초등학교 1학년 학부모 교과서』, 노란우산

박영숙, 『내 아이가 책을 읽는다』, 알마

박이문,『박이문의 문학과 철학 이야기』, 살림출판사

박홍순,『맛있는 고전읽기』, 유레카엠앤비

서영훈,『부엉이 아빠의 초등 과목별 독서비법』, 경향미디어

성정일,『어린이 글쓰기와 독서 무엇을 어떻게 가르치나』, 시서례

소진권,『선생님도 엄마도 쉽게 가르치는 초등 논술』, 노벨과개미

손정화,『초등 1학년 공부법』, 글담

송재환,『다시, 초등 고전읽기 혁명』, 글담

송재환,『초등 공부 불변의 법칙』, 도토리창고

송재환,『엄마, 받아쓰기 해봤어?』, 계림북스

오가와 다이스케,『거실 공부의 마법』, 키스톤

이소영 외,『우리 아이의 평생 독서를 위한 독서지도백과』, 교보문고

이정균,『초등 성적 쑥쑥 올려주는 똑똑한 책읽기』, 미르에듀

이지성,『리딩으로 리드하라』, 문학동네

이해연 외,『초등 공부 독서가 전부다』, 한스미디어

이희석,『나는 읽는 대로 만들어진다』, 고즈윈

저우예후이,『내 아이를 위한 일생의 독서 계획』, 바다출판사

정경옥,『아이 인생을 바꿀 한 권의 책』, 미디어월

정민,『다산선생 지식경영법』, 김영사

존 로 타운젠드,『어린이책의 역사 1』, 시공주니어

최희수,『우리 아이 내면의 힘을 키우는 몰입독서』, 푸른육아

캐서린 레비슨,『살아있는 책으로 공부하라』, 꿈을이루는사람들

크리스 토바니,『아이의 인생을 바꾸는 독서법』, 리앤북스

(사)한우리독서문화운동본부,『독서교육론 독서지도방법론』, 위즈덤북

(사)한우리독서문화운동본부,『독서자료론 독서논술지도론』, 위즈덤북

황미용,『엄마가 꼭 잡아주는 초등 저학년 공부법』, 바다출판사

초등 1학년 공부,
책읽기가 전부다

초판 1쇄 발행 2013년 10월 31일
개정판 1쇄 발행 2019년 2월 15일 **개정판 10쇄 발행** 2024년 1월 8일

지은이 송재환
펴낸이 이승현

출판1 본부장 한수미
편집 김소현
디자인 윤정아

펴낸곳 ㈜위즈덤하우스 **출판등록** 2000년 5월 23일 제13-1071호
주소 서울특별시 마포구 양화로 19 합정오피스빌딩 17층
전화 02) 2179-5600 **홈페이지** www.wisdomhouse.co.kr

ⓒ 송재환, 2019

ISBN 979-11-89125-50-9 13590